皮江法炼镁镁渣的综合利用

吴澜尔　韩凤兰　刘贵群　著

北　京

冶金工业出版社

2021

内 容 简 介

　　本书介绍了皮江法炼镁还原渣的循环利用技术，对我国和国外的镁资源、冶炼工业、企业布局、皮江法工艺过程和设备，以及皮江法镁冶炼还原渣的主要组分、特点、形成过程、环境影响进行了叙述。本书重点介绍了作者团队在镁渣无害化综合利用方面的研究成果，其中无氟矿化剂替代萤石炼镁，解决镁冶炼氟污染、粉尘污染等，研究成果借鉴了国际上钢渣稳定的经验，实现了工业化规模实验；还介绍了镁渣制备微晶玻璃、多孔陶瓷、硫铝酸盐水泥、固化金属离子等方面的研究成果等。

　　本书可供从事工业固废循环利用的工程技术人员和管理人员阅读，也可供高等院校冶金工程和资源环境等专业的师生参考。

图书在版编目（CIP）数据

　　皮江法炼镁镁渣的综合利用/吴澜尔，韩凤兰，刘贵群著 . —北京：冶金工业出版社，2021. 5
　　ISBN 978-7-5024-8784-3

　　Ⅰ . ①皮⋯　Ⅱ . ①吴⋯　②韩⋯　③刘⋯　Ⅲ . ①镁—轻金属冶金—炉渣—废物综合利用—研究　Ⅳ . ①X758

　　中国版本图书馆 CIP 数据核字（2021）第 061561 号

出 版 人　苏长永
地　　　址　北京市东城区嵩祝院北巷 39 号　邮编　100009　电话　（010）64027926
网　　　址　www.cnmip.com.cn　电子信箱　yjcbs@cnmip.com.cn
责任编辑　杜婷婷　刘林烨　美术编辑　吕欣童　版式设计　禹　蕊
责任校对　范天娇　责任印制　禹　蕊
ISBN 978-7-5024-8784-3
冶金工业出版社出版发行；各地新华书店经销；北京捷迅佳彩印刷有限公司印刷
2021 年 5 月第 1 版，2021 年 5 月第 1 次印刷
169mm×239mm；7.75 印张；147 千字；114 页
46. 00 元

冶金工业出版社　投稿电话　（010）64027932　投稿信箱　tougao@cnmip.com.cn
冶金工业出版社营销中心　电话　（010）64044283　传真　（010）64027893
冶金工业出版社天猫旗舰店　yjgycbs.tmall.com
　　　　　（本书如有印装质量问题，本社营销中心负责退换）

前　言

　　金属镁具有重量轻、比强度高、延展性好、阻尼性和切削性好、电磁屏蔽能力强、减振性好、热导性高、抗热疲劳性强、易于回收等优良特性，被广泛用于航空、航天、交通运输以及电信领域等。

　　目前，我国是世界上最大的镁生产国和出口国，镁产量占全球总产量的85%以上。中国的绝大多数生产金属镁的企业采用皮江法生产。皮江法炼镁过程中会产生大量镁渣，镁渣既是污染环境的工业废弃物，又是可回收利用的资源，镁渣中的主要成分碳酸钙、二氧化硅、氧化镁都是宝贵的工业原料。

　　本书介绍了世界上镁资源的分布、金属镁生产企业布局，从硅热还原工艺炼镁的工艺特点揭示了镁还原渣的产生原理；还介绍了近年来中国镁渣综合利用的成果和技术，重点介绍了作者团队围绕镁渣无害化综合利用所开展的一系列研究，其中无氟矿化剂炼镁等技术成果是作者团队历经多年研究的实践所得，希望对同行和感兴趣的工程技术人员有所帮助。

　　由于作者水平所限，书中不妥之处，恳请读者批评指正。

作　者

2020 年 12 月

目　录

1 概　　论

<<<<<<<<<<<<<<<<<<<<<<<<<<<<<<<<<<<<<<<<<<<<<<<<<<<<<<<<<<<<<<

1.1　金属镁的性能特征及主要用途

早在 17 世纪人类就发现了含有镁的化合物,法国科学家 Antoine Lavosier 从理论上推断这种未知成分的矿石(含有氧化铝和氧化镁的矿石)中含有一种新的金属元素,但其与氧的结合强度很高,在当时无法采用已知的还原剂将其还原出来。

金属镁是一种化学性质活泼的轻金属,在自然界中储量丰富,分布广泛。地壳中元素分布情况见表 1.1;金属镁主要物理性质见表 1.2。金属镁具有重量轻、比强度高、延展性好、阻尼性和切削性好、电磁屏蔽能力强、抗振减振性好、热导性和热疲劳性能好、易于回收等优良特性,被广泛应用于航空、航天、交通运输以及电信领域等。由于其活泼的化学性质,在钛、锆、铀、铍等金属的生产过程中,金属镁还可用作难熔金属(Ti、Zr、Be、U 和 Hf 等)的还原剂;同时,由于镁与硫的亲和力极高,金属镁还可用作脱硫剂。在 Cu、Ni、Zn 和稀土等合金材料生产过程中,金属镁具有独特的脱氧和净化功能,其还可以作为生产难熔金属的还原剂合金的添加元素、球墨铸铁的球化剂、润滑油的中和剂以及高储能材料等。由于镁自身有质量轻、切削压铸性能好等优点,其在汽车、电子通信、航空航天等领域也占据一席之地[1]。

表 1.1　地壳中化学元素分布情况

元素	含量（质量分数)/%	元素	含量（质量分数)/%
氧	48.06	钙	3.45
硅	26.30	钠	2.74
铝	7.73	钾	2.47
铁	4.75	镁	2.00
氢	0.76	其他	0.76

表 1.2 镁的主要物理性质

熔点/℃	648
沸点/℃	1107
相对密度（$\rho_{水}=1$）	1.74
外观与性状	银白色有金属光泽粉末
溶解性	不溶于水、碱液，溶于酸

由于金属镁具有上述优异性能，金属镁已被称为是"21世纪最有开发价值和应用潜力的轻量化绿色金属工程材料"[2]。镁及其合金在第一次世界大战中被首次应用于航空工业至今，商业使用年限较长，但发展却比铝合金缓慢。在进入21世纪之后，很多传统金属的储量已经趋于枯竭，在节能环保发展战略指导下，镁及其合金其优异性能及强大的市场竞争力受到世界各国广泛关注，各国均投入大量人力财力对其材料进行研发，科研成果已经在各个工业领域得到广泛使用。其主要体现在以下几方面：

（1）汽车工业。目前全世界对于汽车的废气排放量、燃油动力消耗、噪声限制等方面要求越来越高，镁合金可以代替汽车工业生产中常用的钢铁及铝合金构件。这是因为镁合金比钢轻77%，比铝合金轻36%，可以大大降低车重，从而降低汽车的燃油动力消耗和尾气排放。目前北美已成为镁合金在汽车工业中使用量最多的地区，年增长速度已经达到30%。在我国，上海汽车公司率先将镁合金应用于汽车变速器外壳，年镁消耗量达到2000t以上。

（2）电子产品。如今电子产品已经成为日常生活中的必需品，电子产品正在向小尺寸、低成本方向发展。镁合金与电子产品的传统材料工程塑料相比，其薄壁铸造性能十分优异，同时强度高、抗冲击能力强，在电子产品的微型化发展中，具有得天独厚的优势。现在镁合金已经开始用于电子产品的外壳及零部件制造中，并且应用市场出现持续增长的态势。

（3）航空航天领域。由于重量较轻，镁合金在第一次世界大战期间就已经用于航空工业，用以减轻飞机重量。现在镁合金依然用于军、民用飞机支架结构等一些零部件制造中，以改善飞行器的动力性能和减轻结构重量。镁合金在航空航天领域的应用范围必会随着镁合金性能的逐渐提高而不断扩大。

（4）其他领域。由于镁合金综合力学性能优良，成型性好，同时还是人体必需的金属元素之一，镁合金可作为医用植入金属材料。又因为其具有轻便、舒适的特征，在日常生活中还可用于制造自行车架、轮椅架等。

目前，我国是世界上最大的镁生产国和出口国，镁产量占全球比例超过

85%。我国镁产能高度集中于具有能源成本优势的陕西、山西、新疆、宁夏、内蒙古等地。近年来环保要求日趋严格以及行业竞争的加剧，镁冶炼企业数量总体在减少，每年都有一些企业退出市场。2018 年底我国镁冶炼企业 80 多家，普遍产能规模较小，前十大企业产量占比仅 37.7%，行业高度分散。

据统计 2017 年我国金属镁产量为 91.26 万吨；2018 年我国金属镁产量为 86.3 万吨，产量较上年同比下降 5.44%；2019 年我国原镁产量为 96.9 万吨，同比增长 12.3%。2014~2019 年我国金属镁产量走势如图 1.1 所示。

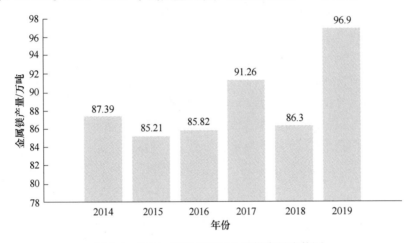

图 1.1　2014~2019 年我国金属镁产量走势图

据海关统计，2018 年我国金属镁出口数量为 40.98 万吨，出口数量同比下降 9.78%；金属镁出口金额为 10.64 亿美元，出口金额同比下降 2.51%。2018 年我国金属镁进口数量为 462.35 吨，进口数量同比增长 27.83%；金属镁进口金额为 1242.01 万美元，进口金额同比增长 44.18%。2019 年中国镁产品出口量为 45.16 万吨，同比增长 10.2%。2010~2019 年我国金属镁进出口统计数据见表 1.3。

表 1.3　2010~2019 年我国金属镁进出口统计

年份	进口数量/kg	出口数量/kg
2010	1,021,566	383,980,095
2011	1,182,031	400,076,252
2012	694,501	371,084,410
2013	396,831	411,122,706
2014	1,325,233	434,996,136
2015	1,623,543	405,435,198

续表 1.3

年份	进口数量/kg	出口数量/kg
2016	736,283	356,536,970
2017	361,683	454,191,109
2018	462,348	409,788,162
2019	232,400	451,600,000

据测算 2019 年我国镁消费量为 48.5 万吨，同比增长 8.6%，增幅同比提升 1.6 个百分点。其中，冶金领域消费 31.3 万吨，同比增长 6.2%；加工领域消费 16 万吨，同比增长 14.2%。国外镁需求回升，2019 全年累计出口各类镁产品共 45.2 万吨，同比增长 10.2%，出口量占镁产量的 46.6%。总结最近几年的数据来看，国内生产和需求供需基本趋于持平，2017 年后需求明显增加。2014~2019 年我国金属镁实际消费和供求平衡走势如图 1.2 所示。

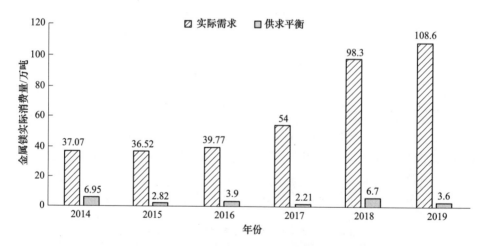

图 1.2　2014~2019 年我国金属镁实际消费和供求平衡走势图

1.2　镁矿资源

1.2.1　全球镁矿资源分布

全球镁资源类型丰富，分布广泛。镁是地球上储量最丰富的轻金属元素之一。镁在自然元素中含量居第八位，地壳丰度为 2%，海水中含量第三。虽然镁在自然界中的蕴藏量丰富，也是地壳中分布最广的元素之一，但是由于镁元素的化学活性很高,在自然界中只能以化合物的形态存在,含有镁化合物的镁矿有200多种,但仅只有少量几种能够作为炼镁的原料。

镁在全世界分布广泛,世界上镁盐资源极其丰富,主要以固体矿和液体矿的形式存在。固体矿主要有菱镁矿、白云石、蛇纹石、滑石、水镁石及少量其他沉积矿等;液体矿主要来自海水、天然盐湖水、卤水等在地球所占面积十分庞大。液体矿类镁资源更是堪称用之不竭,天然卤水可以看作是一种可回收的资源,因而人类开采的镁在相对较短的时间内就会再生。虽然,近60种矿物中均蕴含镁,但是,全球所利用的镁资源主要是白云石、菱镁矿、水镁石、光卤石和橄榄石这几种矿物。其次为海水苦卤、盐湖卤水及地下卤水。当前含镁资源储量完全可以满足人类对镁的需求量,甚至在未来的一段时间内都不成问题。全球各类镁矿资源的分布情况见表1.4[3]。

表1.4 各种镁矿的分布情况

矿物		分子式	含镁量(质量分数)/%	主要分布国家
硅酸镁	蛇纹石	$3MgO \cdot 2SiO_2 \cdot 2H_2O$	26.3	俄罗斯、加拿大
	橄榄石	$(MgFe)_2 \cdot SiO_4$	34.6	意大利、挪威
	滑石	$3MgO \cdot 4SiO_2 \cdot 2H_2O$	19.2	美国、西班牙
碳酸镁	菱镁矿	$MgCO_3$	28.8	中国、印度、美国
	白云石	$MgCO_3 \cdot CaCO_3$	13.2	中国、俄罗斯、美国
氯化镁	水氯镁石	$MgCl_2 \cdot 6H_2O$	12.0	中国、俄罗斯、美国
	光卤石	$MgCl_2 \cdot KCl \cdot 6H_2O$	8.8	
硫酸镁	硫酸镁石	$MgSO_4 \cdot H_2O$	17.6	
	钾镁矾石	$MgSO_4 \cdot KCl \cdot 6H_2O$	9.8	俄罗斯、中国、美国
	杂卤石	$MgSO_4 \cdot K_2SO_4 \cdot 2CaSO_4 \cdot 2H_2O$	4.0	德国
	无水钾镁矾	$2MgSO_4 \cdot K_2SO_4$	11.7	
	白钠镁矿	$MgSO_4 \cdot NaSO_4 \cdot 4H_2O$	7.0	中国

其中,菱镁矿为主要的具有工业应用价值的镁矿资源。根据美国地质调查局(USGS)2018年公布的数据显示,全球菱镁矿储量达120亿吨。菱镁矿资源主要分布在中国、韩国、俄罗斯等地,其中,中国的菱镁矿储量为50亿吨,位居全球第二位。世界上储量最大、质量最好的菱镁矿矿床在我国的辽宁省大石桥。全球菱镁矿储量见表1.5。

表 1.5 全球菱镁矿储量

菱镁矿	国家	储量/t
粗晶体	奥地利	50,000
	巴西	390,000
	中国	1,000,000
	朝鲜	1,500,000
	俄罗斯	2,300,000
	斯洛伐克	120,000
	西班牙	35,000
	美国(部分统计)	35,000
合 计		5,430,000
隐晶质	土耳其	390,000
	澳大利亚	320,000
	希腊	280,000
	印度	90,000
合 计		1,080,000
不确定		1,400,000
总 计		7,910,000

1.2.2 我国镁资源储量分布情况

中国是世界上镁矿资源最为丰富的国家之一，总储量占世界的 22.5%。我国镁矿资源非常丰富，分布广，储量大，镁矿资源种类繁多，现已开发利用的镁矿资源有白云石、菱镁矿、光卤石和青海察尔汗钾镁盐矿等。根据《中国矿产资源报告 2018》。我国菱镁矿探明储量的矿区 27 处，分布于 9 个省（区），以辽宁菱镁矿储量最为丰富。辽宁菱镁矿矿石品质优良，含氧化镁（质量分数）46%~47%，主要分布在营口市到海城一带。此外，山东、西藏、新疆、甘肃等地区菱镁矿也较丰富。

据 2018 年统计，我国已探明白云石矿资源储量就有 40 亿吨，菱镁矿资源储量约 34.7 亿吨，盐湖区镁盐资源远景储量达到 80 亿吨以上，其中青海察尔汗盐湖中的镁盐储量约为 48.2 亿吨[3]，镁资源总量占世界镁资源总储量的 22.5%，居世界第一位[4-6]。

1.2.2.1 白云石

白云石资源分布广泛，我国的各个省区几乎都有产地分布（湖南、四川、山东、河北、山西、辽宁、吉林和内蒙古等地）。目前，各地矿床多已开发利用。白云岩矿床按性质分，主要有热液型和沉积型两种。热液矿主要在辽东、胶东地区广泛发育；沉积型主要分布于山西、河南、湖南、湖北、广西、贵州、宁夏、吉林、青海、云南、四川等省区[7]。根据《山西省矿产资源总体规划（2016—2020 年）》，截至 2019 年底，山西镁矿（炼镁白云岩）保有资源储量 8.45 亿吨，位居全国第一，全国占比 30%。随着陕西榆林府谷、神木等地利用当地优质精煤块生产兰炭，形成兰炭尾气生产硅铁，用硅铁还原金属镁的循环产业链，成本极具优势，因此陕西在 2019 年中国原镁产量占比高达 62%，山西占比 14%，位居第二。

大多数白云石是次生的，是由于石灰岩受到含镁溶液交代（矿物的交代变化：岩石变质过程中，围岩与侵入体发生物质交换，代入某些新的化学组分）而形成的，只有在盐度很高的海湖中才可直接形成巨厚白云岩和原生沉积白云岩。白云石是由 $CaCO_3$ 和 $MgCO_3$ 构成的，是碳酸镁与碳酸钙的复盐矿物，理论成分 MgO 含量（质量分数）为 21.7%，$CaCO_3$ 含量（质量分数）为 30.4%，CO_2 含量（质量分数）为 47.9%[8]，CaO 与 MgO 质量比为 1.394。在天然白云石矿物中 CaO 与 MgO 质量比为 1.4~1.7，相对密度为 2.8~2.9g/cm³，莫氏硬度为 3.4~4。白云石晶体为六方晶系，常见颜色为白色，带黄色或褐色色调，具有玻璃光泽。

白云石由于含杂质，其具备的化学和物理性能也存在一定的差异。白云石的结构大致可以分成两类[9,10]：一类白云石是六方菱形结构的；另一类白云石是无定形网状结构的。六方菱形结构白云石煅烧后煅白细磨较网状结构易磨、不粘磨，且反应活性较低[11]，易破碎；无定形网状结构白云石，煅烧后仍能保留白云石的结构特性，其晶格能小，热分解时较六方菱形结构白云石吸热低。由此可见，无定形网状结构白云石煅烧耗时较六方菱形结构白云石少很多。

白云石在世界范围内分布广泛，除我国外，瑞士、意大利、墨西哥均是其主要产地。白云石作为炼镁原材料时主要采用热还原法。同时，白云石还可用于建材、陶瓷、化工等领域。

由于白云石可以用作耐火材料、电气绝缘材料、化学建材、高级陶瓷材料和密封材料等，因此白云石应用前景广泛。由此可见，我国的白云石储量大，质量优良，应用前景广泛，以白云石为原料开发研制的镁合金系列产品在我国的经济建设和社会发展中地位和作用极其重要。

根据矿区不同，白云石组成也存在差异，表 1.6 为几种典型产地白云石组成。

表 1.6　我国白云石主要矿区矿石成分

产地	含量（质量分数）/%					
	SiO_2	Al_2O_3	Fe_2O_3	CaO	MgO	灼烧减量
大石桥	0.32	0.39	0.89	30.28	21.72	47.08
乌龙泉	0.03	0.05	0.34	31.75	20.02	47.10
固阳拉草山	1.53	0.14	0.75	30.10	19.48	46.13
玉田	0.27	0.10	0.03	30.52	21.91	46.80
周口店	0.55	0.08	0.16	29.06	21.93	46.24
陕西镇安	1.90	0.58	0.58	30.00	21.00	46.94
镇江	1.17	0.37	0.18	30.80	21.16	47.07

目前，白云石矿山均为露天开采。江苏南京白云岩矿床最早开发，已发展为机械化开采程度高的大型矿山，矿石品质优良，MgO 含量（质量分数）大于 20%，且 SiO_2 含量（质量分数）小于 2%的优质矿石占 50%以上。年开采能力在百万以上，主要供应宝山钢铁公司、马鞍山钢铁公司冶金、做耐火材料和生产熔剂。

20 世纪 80 年代后期，硅热法炼镁厂用白云石作炼镁原料，各炼镁企业就近使用本地区的矿石。炼镁用的白云石，至今尚未制定出统一技术质量标准。金属镁冶炼企业建设前期应对其使用的白云石矿进行实验室炼镁工艺性能试验，因为矿石质量对金属镁生产技术经济指标影响很大。首先，要求矿石的化学成分为：$w(MgO)>20\%$，$w(Fe_2O_3+Al_2O_3)\leqslant1\%$，$w(SiO_2)\leqslant1\%$，$w(Na_2O+K_2O)\leqslant0.1\%$；其次，还要考虑矿石的矿物结构特性，矿石的结构对金属镁冶炼工艺有一定的影响，比如矿石的煅烧性及制球性能等。

1.2.2.2　菱镁矿

根据美国地质局（USGS）2018 年发布的数据显示，中国是世界上菱镁矿资源储量继俄罗斯之后最为丰富的国家，其特点是地区分布不广、储量相对集中，大型矿床多。菱镁矿探明储量的矿区 27 处，分布 9 个省（区），以辽宁菱镁矿储量最为丰富，占全国的 85.6%，此外，山东、河北、西藏、新疆、甘肃等地区菱镁矿也较丰富。表 1.7 为我国菱镁矿已探明资源储量分布情况。

表 1.7 我国菱镁矿已探明资源储量分布情况[12]

地区	辽宁	山东	西藏	新疆	河北	其他
储量/亿吨	32.52	2.48	0.62	0.31	0.31	0.18
比例/%	89.28	6.8	1.7	0.85	0.84	0.52

菱镁矿是冶炼金属镁的主要原材料，属于三方晶系的碳酸盐矿物，它的分子式为 $MgCO_3$，理论组成为：MgO 含量（质量分数）为 47.81%，CO_2 含量（质量分数）为 52.19%。菱镁矿分为无定形和结晶形两种矿物结构，其中前者矿没有光泽，而后者属于六方晶系，具有玻璃光泽。菱镁矿颜色多为白色和浅黄色，有时呈淡红色调，但当菱镁矿中含有铁元素时，颜色呈褐色或黄色。菱镁矿作为炼镁原材料时既可使用电解法，也可使用硅热法。同时，菱镁矿还可用作耐火材料和建材、化工原料。

菱镁矿属方解石族，是碳酸盐类矿物，主要成分为 $MgCO_3$，并常含有 $CaCO_3$、$FeCO_3$、$MnCO_3$、Al_2O_3、SiO_2 等杂质，菱镁矿常因杂质而生成相应钙菱镁矿、铁菱镁矿、锰菱镁矿、铝菱镁矿和硅菱镁矿等。菱镁矿晶体少见，属三方晶系，按其矿物特征分为两类：一类为晶质菱镁矿；另一类为非晶质菱镁矿。集合体常为致密块状或粒状，呈灰白色、白色，淡红色（含 Co）或黄褐色（含 Fe），密度为 $2.9\sim3.1g/cm^3$，硬度为 $3.5\sim4.5$。

2018 年，全世界已探明的菱镁矿储量为 130 亿吨左右，我国菱镁矿总储量占世界总量的 1/4，且已探明储量达到 36 亿吨，已探明储量居世界第一位[13]。除我国外，其他主要产出国储量情况分别为：前南斯拉夫 0.14 亿吨，希腊 0.3 亿吨，巴西 0.4 亿吨，朝鲜 30 亿吨，加拿大 0.6 亿吨，美国 0.7 亿吨，奥地利 0.8 亿吨，印度 1 亿吨，捷克 5 亿吨，新西兰 6 亿吨[14]。在我国，已探明矿产地 27 个，分布于辽宁等 9 个省、自治区，主要集中于山东莱州（2.86 亿吨）和辽宁南部（25.69 亿吨），两个地区合计储量为 28.55 亿吨，占全国菱镁矿储量的 95.2%；而四川、青海、西藏、安徽、甘肃、新疆和河北等地合计储量仅为 1.45 亿吨，占全国菱镁矿储量的 4.8%。主要菱镁矿生产企业分布在山东掖县、辽宁营口大石桥、海城。由于我国菱镁矿资源产量和出口量均处于世界之首，因此，国际市场对我国菱镁矿需求强烈，即使在菱镁矿加工工艺技术水平不高的情况下，仍然具有很强的国际竞争力。但是也要清楚的认识，我国菱镁矿资源在利用方面与世界上一些先进国家相比还存在很大差距，存在优势资源浪费的问题[15]。

菱镁矿矿床分为热液交代型、沉积变质型、脉状充填型和风化残积型四种类型。最重要的工业类型矿床就是沉积变质型菱镁矿矿床，也是国内外生产企业主要开采的对象，矿床规模最大，储量从数百万到数亿，而且矿床多呈透镜体状或层状，矿层多达数十层，矿石质优，一般 MgO 含量（质量分数）为 35%~47%。我国菱镁矿资源特点是：埋藏浅、质量优良、矿床规模大，碳酸盐岩矿床储量可达 96%。在全国 27 个菱镁矿区中，储量不小于 0.5 亿吨的大型矿床就有 11 个，其储量占总储量的 95%。相关资料显示[16]：在保有储量中，菱镁矿矿石中质量优良的一、二级品储量超过 50%，其中特级品和一级品储量占 37%。表 1.8 列举了我国主要菱镁矿产区矿石成分。

表 1.8　我国菱镁矿主要矿区矿石成分

项目		含量（质量分数）/%					
		SiO_2	Al_2O_3	Fe_2O_3	CaO	MgO	灼烧减量
辽宁	海城特级	0.17	0.12	0.37	0.50	47.30	51.13
	海城下房身	0.26	0.06	0.27	0.45	47.30	50.99
	大石桥一级矿	1.90	0.47	0.50	1.14	45.80	48.87
	青山怀东段	0.66	—	—	0.73	46.91	—
	营口一级矿	1.13	0.21	0.33	0.33	47.14	50.97
山东	掖县西采一级	0.90	0.18	0.55	0.37	47.00	51.11
	掖县西采混级	4.95	1.39	0.93	0.86	44.08	47.33
	掖县东采混级	3.87	0.59	0.58	0.75	46.43	48.21
四川	甘洛岩岱	0.24	—	—	4.30	44.41	
	汉源桂岱	0.10	—	—	0.80	46.91	
河北邢台大河		0.30	—	—	3.94	42.53	—
甘肃肃北别盖		0.25	—	—	4.58	43.81	—

由此可见，我国辽宁、山东、四川等地菱镁矿，经焙烧后即可作为 MgO 使用。在我国，菱镁矿大多为露天开采，海城镁矿和大石桥镁矿炼镁主要是电解法。海城镁矿位于辽宁省海城市东南的牌楼岭，采场境界内为特大优质菱镁矿床，包括下房身采区、金家堡采区和王家堡采区，圈定服务年限 25 年，一级、优级品占 50%~55%。该菱镁矿矿山生产能力为 170 万吨/年。

1.2.2.3 光卤石

光卤石是 $MgCl_2$ 和 KCl 的含水复盐，分子式为 $KCl \cdot MgCl_2 \cdot 6H_2O$。理论上 $MgCl_2$ 含量（质量分数）为 34.5%，KCl 含量（质量分数）为 26.7%、H_2O 含量（质量分数）为 38.8%。$MgCl_2$ 和 KCl 的摩尔比为 1。光卤石属于斜方晶系，纯光卤石呈白色，天然光卤石中含有 NaCl、NaBr、$MgSO_4$ 和 $FeSO_4$ 等杂质，因含杂质成分不同，颜色变化不一，通常有粉红色、黄色、灰色或褐色等。光卤石的硬度为 1~2，相对密度为 $1.62g/cm^3$。世界上最大的光卤石矿床在俄罗斯的乌拉尔和东德的埃利贝区，我国青海盐湖中也有大量的光卤石，且品质优良[17]。

1.2.2.4 蛇纹石

蛇纹石的化学式是 $Mg_3Si_2O_5(OH)_4$，是硅氧四面体和氢氧镁八面体按 1∶1 型层状复合而成，由一层氢氧镁八面体和一层硅氧四面体结合成单位晶层[18]。理论上蛇纹石 H_2O 含量（质量分数）为 12.9%，SiO_2 含量（质量分数）为 44.1%，MgO 含量（质量分数）为 43%。在实际矿床中，通常含少量 Al、Fe、Ni 和 Ca 等元素的氧化物。因此，不同矿床甚至同一矿床不同地段的蛇纹石其化学成分与理论含量都会有所差异。

在我国，蛇纹石资源丰富，已探明储量就有 15 亿吨以上，而且分布广泛，蛇纹石矿产资源潜在优势明显[19]。目前，全国保有储量中，西部地区占有量高达 98%（仅青海茫崖东、西两个矿区的保有储量就占 48%），其余地区仅占 2%。按省区划分，储量第一多的要属青海省，占全国总储量的 63%，储量第二多的是四川省，占全国总储量的 20%，陕西省处于第三位，占全国总储量的 12%，三省合计占全国储量的 95%。

1.2.2.5 液体矿（中国镁盐盐湖资源）

我国的盐湖镁盐主要分布于西藏自治区的北部和青海省柴达木盆地，柴达木盆地内的镁盐储量占全国已查明镁盐总量的 99%，居全国第一位。盆地内的镁盐主要分布在察尔汗、一里坪、东、西台吉乃尔湖、大浪滩、昆特依、马海等盐湖。察尔汗、一里坪、东、西台吉乃尔湖为氯化镁，大浪滩、昆特依、马海、大柴旦等矿区氯化镁、硫酸镁均有，两种类型的镁储量基本相当，其中 $MgCl_2$ 累计查明资源储量 42.81 亿吨，其中基础储量 19.08 亿吨；保有资源储量 40.70 亿吨，其中基础储量 17.98 亿吨。$MgSO_4$ 累计查明资源储量 17.22 亿吨，其中基础储量 12.29 亿吨。

液体矿以地下卤水、盐湖卤水和海水为主，海水中镁储藏量高达 $2 \times 10^{15}t$，是镁矿资源的最大储藏地，每年都从地下卤水、盐湖卤水和海水中生产大量的 $MgCl_2$ 和 $MgSO_4$。盐湖通常指含盐（质量分数）大于 35% 的湖泊，矿产资源富集。我国的盐湖镁盐大部分分布于青海省柴达木盆地，西藏自治区的北部，山西和甘肃等地，占到我国已查明镁盐总量的 99%，其中山西运城盐湖含量高达 $6.5 \times 10^9 t$，青海察尔汗盐湖储量超过 $3.0 \times 10^9 t$，甘肃高台县探明的盐湖矿床总储量也有 $2.9 \times 10^6 t$[20]。盆地内的镁盐主要分布在察尔汗、一里坪、东、西台吉乃尔湖、大浪滩、昆特依、马海等盐湖。主要镁盐类型有氯化镁、硫酸镁两种。察尔汗、一里坪、东、西台吉乃尔湖的镁盐类型主要为氯化镁，大浪滩、昆特依、马海、大柴旦等矿区氯化镁、硫酸镁两种类型均有且镁储量基本相当，其中氯化镁累计查明资源储量 42.81 亿吨，其中基础储量 19.08 亿吨；保有资源储量 40.70 亿吨，其中基础储量 17.98 亿吨。硫酸镁累计查明资源储量 17.22 亿吨，其中基础储量 12.29 亿吨[21]。

运城盐湖卤水属 Na^+-M^{2+}/Cl^--SO_4^{2-}-H_2O 四元体系，属于硫酸盐型复合盐湖，镁盐储量约 930 万吨。长期以来，运城盐湖资源的利用以元明粉（无水硫酸钠）为主，目前年产量已达 360 万吨，占全国总产量的 30% 以上。

目前，国外生产所用大量的高品质镁砂几乎都是从卤水中提取的。例如，青海盐湖钾镁盐矿，青海省有 31 个盐湖，其中察尔汗盐湖最大，位于柴达木盆地中东部，是一个湖水趋向干涸，以液态钾、镁盐为主的近代沉积矿床。矿区面积 $5856 km^2$，海拔高度为 $2677 \sim 2680 m$。晶间卤水储量高达 67.3 亿立方米，属 NaCl-KCl-$MgCl_2$-H_2O 四元体系。现处于钾光卤石（KCl · MCl_2 · $6H_2O$）和水氯镁石（$MgCl_2$ · $6H_2O$）的沉积时期，在自然冷冻、日晒后可以由卤水中得到钾光卤石和水氯镁石矿物，可以作为金属镁的冶炼原料。钾光卤石冶炼金属镁工艺流程工业试验始于 1992 年底，在青海民和镁厂完成，试验成功后转入工业生产。以盐田光卤石为原料，其成分（质量分数）为：含 KCl 17%~20%，含 $MgCl_2$ 28%~30%，含 NaCl 10%~15%，含 $CaSO_4$ 85%。其中，每生产 1t 镁需要消耗盐田光卤石 25t。

利用盐湖镁生产金属镁也是一个重要发展方向，比如青海盐湖工业集团在建金属镁项目，拟达到 40 万吨/年的规模。金属镁的冶炼工艺包括皮江法（硅热还原法）和电解法，皮江法生产金属镁目前在我国占主导地位。

美国大盐湖以盐湖水氯镁石生产粉状氧化镁、高纯氢氧化镁、轻烧氧化镁、重烧氧化镁等系列产品，形成镁系产品产业链；日本宇部公司于 20 世纪 80 年代研制出碱式硫酸镁晶须的制备技术。我国在盐湖卤镁资源开发方面也做了大量工作，开发出六水氯化镁、硫酸钾镁肥、普通硫酸镁、普通氢氧化镁和阻燃级氢氧化镁产品，但大多属于低附加值传统产品，高附加值的产品如高纯硫酸镁和阻燃级氢氧化镁等方面的产业化报道目前并不多。

由此可见，无论是在数量上还是质量上，我国都是镁矿资源大国，对镁矿资源的开发和利用有着得天独厚的优势[22]，为我国镁及镁合金产品有效开发提供了十分有利的条件。同时，在对镁矿资源开发和利用过程中也还存在一定问题，主要表现为[23]：

（1）镁矿资源总储量丰富，但人均资源占有量少，且存在资源区域分布不均[24]。镁矿资源中已探明储量少，可控制储量多，呈现出镁矿资源储量消耗速度逐渐高于储量增长速度，大多数矿区保有储量呈逐年下降的趋势。同时，新发现的镁矿资源产区逐渐变少，形成后备接替资源储量供应不足等问题。

（2）大多数镁及镁合金产品生产企业规模较小，生产装备和技术水平还停留在较低层面，在生产过程常常造成水体、地表和大气严重污染。目前，镁及镁合金企业多以生产技术含量低的低附加值产品为主，没有彻底摆脱以环境和资源代价换取生存的开发模式。由此可见，我国的镁矿产资源优势没能得到有效的发挥。

（3）镁矿资源的滥采滥挖现象严重，造成镁矿资源利用效率偏低。尤其在菱镁矿和白云石矿的生产使用上，忽略对同一类矿石资源的分类利用现象尤为明显。

（4）矿区生态环境破坏严重。白云石所处地层年代越久远，矿石中含 MgO 的量就越高。白云岩坚硬，耐风化，一般多裸露在高地，通常采用大规模炸山方式开采。而菱镁矿和蛇纹石绝大多数矿区矿床埋藏深度浅，有利于大规模露天开采。但整体上由于目前缺乏对矿山开采的监督管理，在开采过程中造成地表植被大量被损毁，严重地破坏了生态环境，影响了生态平衡。

（5）矿区安全生产问题突出。在矿石开采的过程中，因缺少规划而进行的无序化开采导致矿区频繁发生安全生产事故。因此，应对我国镁矿资源进行行业规范，加强监管、科学规划，采取行之有效的措施开发和利用镁矿资源。

1.3 镁工业发展历史

1.3.1 镁工业发展历程

金属镁工业的发展到现在经历了 211 年的历史（1808~2019 年），工业生产年代已经有 133 年（1886~2019 年）。20 世纪 50 年代之前，镁工业的发展主要依赖于军事工业。由于军工的需要及两次世界大战的爆发对世界镁产量起到显著的刺激作用，战争期间，镁产量显著增加；等战争结束后，镁产量又出现回落。1910 年，全世界的镁产量约为 10t，1914 年第一次世界大战爆发，次年世界原镁产量上升至350t，到1917年战争结束末期世界原镁产量激增至3000t。但随着战争的结束，在1920年，世界原镁年产量下降至330t。同样在第二次世界大战的影响下，在1939年，全世界的镁产量上升至32000t。于1943年达到峰值235000t。而20世纪40年代末，全世界镁的年产量又有所回落。

金属镁工业的发展大致经历以下三个阶段：

（1）第一个阶段是化学法阶段。英国化学家戴维（Humphrey Davy）通过电解氧化镁和汞的混合物，得到电解产物镁汞齐。又通过蒸馏操作将镁汞齐中的汞去除后，得到银白色的金属镁单质，使得金属镁首次以单质形式出现，但是产量十分小[25]。时间推进到1831年，法国科学家比西（Antoine-Alexandre-BrutusBussy）用熔融状态的无水氯化镁与金属钾的蒸气作为原料让其发生还原反应，首次在实验室中制取了大量金属镁[25]。英美等国的科学家们直到19世纪60年代，才开始使用化学的方法制备金属镁，同时金属镁的产量也稍有提高。但是化学法阶段一般只局限于实验室生产，生产规模较小，没有形成工业化生产。这个阶段持续了整整78年，直到1886年世界首家镁厂建成。

（2）第二个阶段是电解法炼镁阶段。1833年，英国科学家迈克尔·法拉第（Michael Faraday）首次对熔融状态氯化镁进行电解还原制备出金属镁。1852年，德国化学家本生（Robert Bunsen）为研究金属的电解制法，首先成功由熔融氯化镁电解制出金属镁，并于同期建立了一座电解池用于电解无水氯化镁，这是当时世界上第一座电解池。1886年，德国首先建立了工业规模的电解槽并开始镁的工业生产，格里诗姆—伊利可创公司（Griesheim elektron）在斯塔斯福特（Stassfurt）建成了世界首家商业化生产的镁厂。1860年，英国人马瑟（Johnson Matthey）与曼彻斯特（CoinMna-Chester）开始用类似的工艺制取镁。1896年，英国切米斯克-法布里克格里舍-伊利可创（Chemische-Fabrik Griesheim-Elektron）公司和铝镁法布里克公司联合收购电解制镁工艺。直到1914~1915年，它仍是全球制取镁的最主要的生产企业。1916年，美国道屋（DOW）化学公司建立起了世界最大镁业公司道屋公司炼镁厂，从道屋公司成为世界镁业生产的龙头企业。随着供需市场对镁的需求量逐年增加，以及电解法在工艺和设备方面的不断改进，电解法炼镁至今都是世界领先工艺方法之一[3]。发达国家80%以上金属镁均是由电解法生产。

自19世纪末期镁电解槽应用于工业生产以来，镁电解槽结构有了很大变化。初期的镁电解槽是一种简单的无隔板电解槽，20世纪30年代以后，这种电解槽被有隔板电解槽取代。60年代以后，又出现了新型无隔板镁电解槽，将镁工业推向了一个新的发展阶段。直至90年代中期，电解法生产金属镁一直占主导地位，其产量占总产量 70%~75%。

（3）第三阶段是热还原法阶段。随着人们对镁及镁合金需求量的不断增大，光靠电解法生产金属镁已经不能满足人们的需求。许多科学家在化学法的基础上，研究了热还原法冶炼金属镁工艺。由于镁及其合金的应用范围越来越广，对镁的需求量也随之加大，仅靠电解法已经渐渐不能满足市场需求，于是热还原法便应运而生。1913 年，使用真空热还原法还原氧化镁制镁的工艺开始应用。1924 年，首次出现了使用硅作为还原剂来还原氧化镁制备金属镁的方法。1932 年，首次实现了使用硅铝合金作为还原剂来还原氧化镁制各金属镁的方法。1941 年，加拿大多伦多大学教授 L. M. Pidgeon 在渥太华成功建立了一个以硅铁为还原剂在真空还原罐内提炼镁的试验厂[26]，这种硅热法炼镁工艺以 L. M. Pidgeon 教授名字命名被称为皮江工艺（Pidgeon Process），皮江法与电解法至今依然是金属镁冶炼的两大主要方法。20 世纪 50 年代初，一种新的热还原炼镁技术由法国普基（Pedmey）电冶公司率先提出，该工艺在大型内热炉中硅铁或铝作为还原剂还原白云石制取镁，被称为马内塞姆电热法（Magnetherm），生产方式属于半连续法。这种冶镁方法在 20 世纪中叶得到快速发展，采用该法生产的原镁量能达到工业发达国家原镁总产量的二分之一。自 1970 年年初，马内塞姆炼镁法在法国、美国、前南斯拉夫和巴西等国得到应用与推广。在我国，生产金属镁的工艺方法多半是皮江法，并且已成为当今镁行业生产中具有先进水平的工艺方法之一。80 年代末期中国皮江法炼镁的发展，电解法炼镁工艺逐渐退出了金属镁生产领域。如美国道屋化学公司镁厂、挪威波斯格隆镁厂、加拿大诺兰达公司镁厂、法国普基公司镁厂、美国西北合金厂及澳大利亚拟建的多个镁厂也均已停建或缓建。当前国外仍然存在的生产企业中，规模大的（产能 5 万吨/年）仍是电解镁厂，如美国镁公司生产能力为每年 4.3 万吨，以色列死海镁厂生产能力为每年 5.5 万吨等。加上独联体国家，目前国外金属镁生产能力为每年 10 万~12 万吨，而且其生产的产品仍拥有广泛的国际市场。表 1.9 为镁冶炼两种生产工艺的比较。

表 1.9 镁冶炼两种生产工艺比较

项目	电解法	硅热法（皮江法）
原理	含有氯化镁的溶液经脱水或者熔融氯化镁熔体，再电解生产金属镁	碳酸盐矿石煅烧产生氧化镁，用硅铁进行热还原，生产金属镁
原料	卤水、菱镁矿、光卤石等	白云石

项目	电解法	硅热法（皮江法）
优势	节能，产品均匀性好，生产过程连续	设备投资少，技术难度小，镁纯度高，可利用资源丰富的白云石
劣势	无水氯化镁制备较难控制，脱水需要较高的温度和酸性氛围，能耗较大，设备腐蚀问题较突出，三废处理费用较大	热利用率低，还原炉寿命短，生产过程不连续
产能比	约 20%	约 80%

1.3.2　国外镁工业发展

镁工业前后经历了两次世界大战，1960 年之后，由于镁及其合金的许多优异特性被逐渐发现，镁在民用市场的应用大大推动了镁工业的发展。使得镁大量应用于铝基合金添加元素、建筑铝型材、饮料罐等方面。同时，镁的生产技术的不断发展进步扩大了生产规模，增加了产量，降低了能耗和成本。

1970 年以后，金属镁开始用于炼钢脱硫，镁成为铁水预处理时的主要脱硫剂之一。同时，由于重量轻，镁和镁合金的压铸件也开始应用在汽车工业以降低车辆自重，减少能耗[27]。1990 年之后，镁的复合材料以及超轻镁锂合金的发展更进一步扩大了镁的使用范围，几乎适用于任何工业领域。

进入 21 世纪后，镁在各个领域的应用推广逐渐平稳，世界原镁产量也趋于平稳上升态势。中国和俄罗斯拥有规模最大的镁加工设备。而日本、荷兰、美国三国主要从海水和卤水中提取镁，氧化镁产量约占全球总量的 52%。全球重烧镁砂（Dead-burnedmagnesia）产能约为每年 850 万吨。国外主要镁生产厂家及产量见表 1.10。

表 1.10　国外主要镁生产厂家及产量

所在国家	公司名称	年产能/万吨
以色列	死海镁业	3.3
俄罗斯	索尔斯姆克镁业	2
	阿维斯玛镁业	1.5
巴西	RIMA 镁业	2
哈萨克斯坦	卡缅诺·戈尔斯克镁厂	0.5
挪威	海德鲁镁业西安有限公司	0.5

所在国家	公司名称	年产能/万吨
加拿大	加拿大镁公司	1.25
埃及	埃及索黑纳镁冶炼厂	20
刚果	刚果共和国 Kouilou 镁冶炼厂	6
美国	美国 Rowley 镁厂	5.9~7.3
澳大利亚	澳大利亚镁业国际公司	7.1~20

世界镁工业发展虽然迅速，但是原镁生产发展却不均衡。20 世纪 90 年代后，由于受到中国镁工业产量和出口量快速增长的冲击[28]，法国等一些国家被迫关闭了多家炼镁厂，加拿大、澳大利亚等国一些拟新建镁厂难以正常建设或投产。日本宇都兴产株式会社镁厂也从世界镁冶炼行业中退出，取而代之的是我国镁产业的兴起[29]。目前除了中国，生产金属镁的国家主要有以色列、俄罗斯、哈萨克斯坦、巴西等。

1.3.3　中国镁工业发展

1995 年以前，我国原镁产量很小，西方国家原镁产量占世界原镁产量的约 80%。20 世纪 80 年代时期，我国的炼镁厂只有三家，分别为包头光华镁集团公司、青海民和镁厂和旅顺铝厂镁分厂。三家炼镁厂所采用的生产方式均是电解法炼镁，因此建厂投资成本较高，无水氯化镁的制备工艺难以控制生产困难，设备腐蚀严重，产量低。由于采用皮江法炼镁工艺流程和选用设备比较简单，建厂投资少，产镁纯度较高，生产规模灵活，同时可以直接使用我国矿产资源储量丰富的白云石作为原料，而且皮江法由 1941 年提出后经过了多年的探索和改进，更符合我国的实际国情，直至 1987 年，皮江法炼镁工艺在我国得到了迅速发展，许多小型的皮江法炼镁厂也在这个时期兴建起来[30]。

从 1999 年起，我国逐渐成为了世界上第一大镁产品生产国。凭借着资源、能源、劳动力和生产方式等多方面的优势，我国镁工业得到了快速发展。

2010 年之后，由于世界经济形势的好转，我国镁产量出现恢复性的增长，只上半年原镁产量为 32.45 万吨，同比增长了 86.81%。2010 年后，我国新建的炼镁企业见表 1.11。表 1.11 中除了青海盐湖集团镁业有限公司是采用电解法炼镁，其他炼镁企业都是采用皮江法炼镁。

据国家统计局和中国有色金属协会镁业分会统计，2019 年，镁行业运行总体平稳，产量、出口量持续增长，但在冶炼环保水平、深加工产品应用等方面存在短板，行业转型升级任务依然艰巨。原镁产量同比增长，价格小幅下降。

表 1.11 2010 年后新建炼镁企业

地区	公司名称	地址	规模/万吨	规划规模/万吨	业主	备注
宁夏	宁夏太阳镁业有限公司	宁夏吴忠市太阳山开发区	3.5	10.0	盾安控股集团	3.5 万吨2010 年投产
	宁夏华盈矿业有限公司	宁夏吴忠市太阳山开发区	1.0	5.0	宁夏华盈矿业	2010 年投产
	宁夏开泰镁业有限公司	宁夏盐池县惠安堡镇	1.5	5.0	上海众合	2011 年投产
内蒙古	包头东方生态镁业有限公司	包头固阳县	1.0	5.0	中国直接投资公司	2011 年投产
山西	五矿盛盈合轻金属（山西）公司	武乡县蟠龙镇经济园区	1.0	5.0	中国五矿	2010 年投产
陕西	府谷县镁业集团	府谷县	1.5	5.0	府谷镁业集团	2010 年投产
	府谷县煤化工集团	府谷县	1.5	5.0	府谷煤化工集团	2010 年投产
青海	青海盐湖集团镁业有限公司	青海察尔汗盐湖	5.0	40.0	青海盐湖工业集团	2011 年投产
合计	—	—	16.0	80.0	—	—

随着镁产业结构调整加快，高端应用持续突破。新型高性能轻质镁稀土合金材料成功应用于直升机关键复杂承力部件，实现批量稳定制造，填补了我国新一代直升机用高强耐热镁合金材料空白。

2020 年，镁行业在节能减排、扩大应用等方面的转型升级任务仍然艰巨，全行业将按照中央经济工作会议要求，持续深化供给侧结构性改革，开展镁行业规范管理，完善镁冶炼工艺，推广适用绿色冶炼技术，提升机械化、自动化、智能化水平，加快镁轮毂等重点产品应用，促进行业高质量发展。

据中国有色金属工业协会统计的数据显示，2014 年我国原镁产量 87.39 万吨，与去年同期相比增长 13.53%。中国原镁产地也开始由初始的湖北、河南开始向煤炭资源丰富的陕西、山西、宁夏转移。陕西省作为全国最大的金属镁产地，2014 年累计生产 40.46 万吨，占全国产量 46.30%。其中榆林地区累计生产 39.63 万吨；府谷地区累计生产 34.81 万吨，占全国总产量 39.83%，占全省镁产量的 86% 左右。

根据海关总署最新统计数据，2014 年中国镁出口量共计 43.50 万吨，同比增长 5.80%。其中，镁锭出口量 22.73 万吨，同比增长 7.18%。镁合金出口量 10.65 万吨，同比增长 4.42%。镁粉出口量 8.80 万吨，同比增长 3.05%。镁废碎料出口量 0.29 万吨，同比增长 87.66%。镁加工材出口量 0.37 万吨，同比下降 16.83%。镁制品出口量为 66 万吨，同比增长 15.65%。2016 年，我国的原镁产量达到了 91.03 万吨，达到近十年镁产量最大值[31]。2017 年世界金属镁产量已超过 120 万吨。我国是世界产镁大国，产量占世界总产量的 85% 以上，中国的镁生产和出口居于世界首位，金属镁全部采用皮江法生产[32]。同时，我国除了在原镁生产方面占据世界领先地位，镁的深加工技术也正在逐渐向我国转移，我国镁业市场前途光明。

2017 年 1~6 月中国镁及其制品（包括废碎料）出口数量为 245083t，同比增长 52.8%；2018 年 1~6 月中国镁及其制品（包括废碎料）出口金额为 566948 千美元，同比增长 47.6%。而 2019 年 1~7 月中国镁及其制品（包括废碎料）出口数量为 268476t，同比增长 17.9%。表 1.12 为 2013~2019 年 7 月中国镁及其制品（包括废碎料）出口数量及出口金额统计表。

表 1.12　2013~2019 年 7 月中国镁及其制品（包括废碎料）出口数量及出口金额统计表

时间	镁及其制品（包括废碎料）出口数量/t	出口数量同比增长/%	镁及其制品（包括废碎料）出口金额/千美元	出口金额同比增长/%
2013 年	411123	10.8	1187366	2.6
2014 年	434996	5.8	1171995	−1.3
2015 年	405551	−6.8	1006936	−14.1
2016 年	356537	−12.1	852234	−15.3
2017 年	451939	26.8	1052556	23.5
2018 年	409788	−9.8	1031498	−2.5
2019 年 1~7 月	268476	17.9	698470	24.4

1.4　金属镁的生产工艺

目前，根据镁矿资源的不同，世界各国工业生产中比较成熟的生产金属镁的方法一般分为两大类[34-36]。一类是氯化镁熔岩电解法，就是将 $MgCl_2$ 在熔融的电解质中，通过直流电电解得到金属镁。一般以菱镁矿、光卤石、卤水或海水等为原料，经氯化或脱水后制备无水 $MgCl_2$ 或无水光卤石，经电解获得金属镁。另一类就是热还原法（即硅热法）。近几十年中，炼镁技术取得了很大的突破。由于炼镁技术的发展，镁的价格大幅度下降，镁铝的价格比由 1.8 降至 1.4 或更低[37]。

1.4.1　电解法炼镁

在电解法方面，使用氯化镁溶液脱水制取无水氯化镁的技术取得突破并日趋成熟，电解槽的结构和容量也有很大发展和改善，降低了能耗。氯化镁熔盐电解法包括两大生产过程，即氯化镁的生产制备和电解制镁。电解法炼镁的原理是将熔融状态下的无水 $MgCl_2$ 电解，电解生成 Mg 和 Cl_2。根据原料和原料处理方式，电解法可主要分为[38]：道屋法（Dow Process）[39]、诺斯克法（Norsk Hydro Process）、MgO 氯化法（IG Farbenindustrie Process）[40]、Magnola 工艺[41]、光卤石法（Russian Process）和菱镁矿电解法。

1.4.1.1　道屋法（DOW）

1916 年，美国的道屋化学公司以含 $MgCl_2$ 的海水和石灰乳为原料，提取制备 $Mg(OH)_2$，然后和 HCl 溶液发生化学反应，生成 $MgCl_2$ 溶液，$MgCl_2$ 溶液经提纯、浓缩后得到 $[MgCl_2 \cdot 3/2H_2O]$，以此作电解的原料送入电解槽内直接电解获得粗镁，反应的副产物氯气可以回收利用。道屋法制备金属镁的温度一般为 750℃左右。

1.4.1.2　诺斯克法

挪威的 Norsk 公司是欧洲最主要的镁生产企业，其利用德国制钾工业中的卤水废液（含有 $MgCl_2$），将 $MgCl_2$ 中的结晶水通过高压干燥的 HCl 气体带走，制取形成 $MgCl_2$ 无水固态颗粒，然后电解 $MgCl_2$ 制备金属镁。诺斯克法在制备无水 $MgCl_2$ 过程中是唯一不使用氯化反应器的方法。

1.4.1.3　MgO 氯化法（I. G. Farben 工艺）

德国 IG Farben industrie Process 工业公司以天然菱镁矿和焦炭为原料，在

700~800℃ 条件下煅烧，得到活性较好的 MgO 煅白。将 MgO（粒度需小于 0.144mm）与碳素混合制团，混合团块在竖式电炉内煅烧氯化，即可制得无水 $MgCl_2$，然后将电解 $MgCl_2$ 即可得到金属镁。$MgCl_2$ 制备过程发生的化学反应为：

$$2MgO + 2Cl_2 + C \overline{} 2MgCl_2 + CO_2 \tag{1.1}$$

1.4.1.4 Magnola 炼镁工艺流程

该工艺的特点是以蛇纹石中的氯化镁为电解法炼镁的原料，将石棉矿尾渣浸泡在浓盐酸中制取氯化镁溶液，利用调节 pH 值和离子交换技术来制备超高纯度的氯化镁溶液，然后再进行脱水和电解得到粗镁。

1.4.1.5 光卤石法

光卤石化学分子式为 $KCl \cdot MgCl_2 \cdot 6H_2O$。光卤石法是将光卤石进行净化、结晶和脱水得到无水光卤石处理后，直接电解即可制备金属镁。由于在无水化处理过程中，需要氯化处理过程，因此，光卤石脱水水解反应较 $MgCl_2$ 弱，仅少量水解。同时，需要经常清理电解槽，这是因为光卤石法中加入 KCl 的缘故[42]。

1.4.1.6 菱镁矿为原料的电解法炼镁工艺

此法为我国以菱镁矿为原料的电解法炼镁的工艺流程，该工艺的特点是以菱镁矿为原料，将矿物颗粒氯化，所得的氯化镁熔体电解制备金属镁[43]。

综上所述，电解法炼镁有生产工艺先进、能耗低的优点，但电解法制备金属镁存在以下两点不足：

（1）制备的金属镁纯度较低。电解法制取的粗镁会降低镁及镁合金的耐腐蚀性能，这是因为粗镁中含有电解质中的氯化物及 Cr、Mn、Fe、Si、Ni、K 和 Na 等杂质，因此必须采取相应的措施，提高金属镁制备的纯度。

（2）制备无水 $MgCl_2$ 相对困难。由无水 $MgCl_2$ 脱水制取 $MgCl_2$ 结晶的过程极易水解，产生碱式氯化镁，无水脱水制备过程生产工艺控制难度相对较大，在 HCl 气氛下，无水 $MgCl_2$ 脱水需要在 450℃ 的高温条件下，生产企业投资较大，电能消耗大（每生产 1t 镁耗电 12680~13250kW·h），对环境污染严重、设备腐蚀和建厂周期长等问题难以解决。据统计，用于 $MgCl_2$ 脱水的费用占金属镁生产成本的一半以上。

1.4.2 热还原法炼镁

热还原法炼镁原理是利用还原剂将含镁资源矿石在高温和真空条件下发生还原反应，形成镁蒸气，再经冷凝器冷却结晶得到粗镁。工业中经常采用硅热法。

　　根据还原剂的不同，热还原法炼镁又分为硅热法、炭热法以及碳化物热还原法，其中硅热法又分为内热法和外热法，炭热法和碳化物热还原法在工业上较少采用。以硅铁为还原剂还原氧化镁制备金属镁的有 Pidgeon 工艺和 Magnétherm 工艺，前者属于外热法，后者属于内热法。根据生产的连续性，硅热法又分为间歇式和半连续式。目前，Pidgeon 炼镁工艺在我国的应用较为广泛。

　　在热还原法方面，大型的半连续真空还原炉越来越多地投入生产，并且采用计算机控制。热还原法炼镁简称热法炼镁，其原理是镁资源矿石在高温和真空条件下的还原罐内发生还原反应，形成镁蒸气，经冷凝器冷却后结晶得到粗镁。还原剂一般用硅铁，热法炼镁过程主要发生在 1100~1250℃ 和 1.3~13.3Pa 的真空条件下的还原罐中，用含量（质量分数）为 75% 的 Si(Fe) 合金和煅白发生还原反应制备金属镁。还原反应方程式为：

$$2(MgO \cdot CaO) + Si(Fe) = 2Mg + 2CaO \cdot SiO_2 + (Fe) \qquad (1.2)$$

按照设备装置不同，传统的硅热还原法可分四种方法，即加拿大的皮江法（Pidgeon Process）、意大利的巴尔札诺法（Balzano Process）、法国的玛格尼法（Magnetherm）和南非的 MTMP 法（Mintek Thermal Magnesium Process）。

1.4.2.1　皮江法

　　1941 年加拿大人 L. M. Pidgeon 发明了 Pidgeon Process 硅热法炼镁工艺（即皮江法）。该工艺在外热式真空蒸馏罐内加入硅铁和白云石（破碎、煅烧后的煅白与萤石制团）冶炼金属镁，外部加热还原罐间歇式硅热工艺[45]。经过多年的发展，皮江法得到不断的发展和完善，形成了一套相对完整的理论体系。目前为止，皮江法仍然是我国金属镁冶炼方法中最具代表性、应用最广泛的工艺。皮江法炼镁工艺过程可分为矿石破碎、煅烧、制团、还原和精炼五个阶段。白云石经过高温煅烧 [1423~1473K 及 10^{-2}~10^{-1}Torr(1Torr = 133.322Pa)]，发生的化学反应为：

$$CaCO_3 \cdot MgCO_3 \xrightarrow{1150 \sim 1250℃} CaO \cdot MgO + 2CO_2 \qquad (1.3)$$

　　然后将煅白粉碎研磨与萤石粉 [含 CaF_2（质量分数）为 95%，主要起催化剂作用，本身不发生化学反应][46]和硅铁粉 [含硅量（质量分数）为 75%] 混合制球（制球压力为 9.8~29.14MPa）放入还原罐内，在温度为 1190~1250℃ 和 1.3~13.3Pa 真空条件下还原罐内发生还原反应，得到金属镁蒸气，镁蒸气在冷凝器内冷凝结晶成粗镁[47]。其化学反应式为：

$$2CaO + 2MgO + Si \xrightarrow{1190 \sim 1210℃} 2Mg + 2CaO + SiO_2 \qquad (1.4)$$

粗镁经过熔剂精炼、铸锭、表面处理，最终生产出高纯度金属镁锭。皮江法炼镁工艺流程如图 1.3 所示。

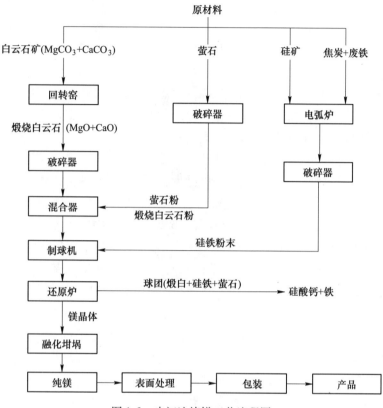

图 1.3 皮江法炼镁工艺流程图

皮江法工艺的优点是：投资少，生产工艺简单，建设周期短，产品质量高，但是不能连续生产。Pidgeon Process 为间歇式生产方式，每个生产周期大约为 10h 左右，整个生产周期可分为以下三个阶段：

（1）预热阶段。白云石破碎后装料，预热炉料，排除炉料中 CO_2 与水分。

（2）低真空加热阶段。还原罐封盖进行低真空条件下加热。

（3）高真空加热阶段。还原罐内温度控制在 1200℃ 左右，真空度保持在 1.3~13.3Pa，恒温煅烧时间为 9h 左右。

由于还原罐外部水冷套作用，还原罐内产生的镁蒸气在结晶器上冷凝结晶。最终，切断真空打开还原罐，取走冷凝器上结晶的镁环和残余物。

皮江法炼镁工艺中的煅白和球团制备过程是整个工艺中的重要环节[48]，首先皮江法炼镁工艺对煅白活性要求较高，质量好的煅白有利于还原反应发生，比如煅烧温度过高则会造成煅白表面过烧，煅白活性降低。同时，反应产生煅白亲水性强，需要密封保存，并且密封保存时间不宜过长。为获得经济、有效原料配比，球团制备所用硅铁和萤石粉比例需根据煅白成分和形态进行动态调整，而且制备球团的密度和疏松程度也需要根据各地白云石矿石的化学成分进行确定。

皮江法炼镁工艺中关键环节就是还原工段，还原工段直接影响到生产周期的长短以及最终产品的品质，而前期的煅白活性及制球压力及成分配比均会对还原过程产生影响[46]。

为使还原反应进行更加充分、经济，制备球团所用硅铁和萤石粉用量需根据煅白特性进行动态调整，而且制备球团的制球压力也需要根据白云石矿石的化学成分进行合理确定，以获得最佳原料配比和参数状态。

皮江法充分利用了我国中西部地区白云石矿、煤矿、硅铁等资源，由于劳动力成本低廉，又可以将国外用重油和以电为燃料的还原炉改为以煤为燃料，从而大大降低了生产成本，逐步取代了电解法还原工艺。每生产 1t 金属镁主要原料白云石、硅铁、萤石的消耗比例约为 15∶1.3∶0.21，主要一次能源的消耗量，采用先进的蓄热还原炉工艺大约消耗 4t 标煤，旧式直接燃煤还原炉工艺消耗 7~10t 标煤，属一次能源高能耗行业，每万元产值能耗在 2t 标煤以上。蒋汉祥等人[49]对皮江法制备金属镁工艺过程中影响金属镁回收率的主要因素进行了研究，结果表明：在煅烧温度为 1230℃，还原料比例为 1∶1.15 的情况下，还原周期为 10h，金属镁的生成率最高，平均收镁率超过 75% 以上。

由此可见，皮江法炼镁工艺的优点是：工艺流程短，对设备要求较低，操作简单，投资少、建厂周期短，而且可利用煤、天然气、重油、煤气等一次能源。在生产过程中没有有害气体的产生和排出，副产品炉渣还可以用作生产水泥和肥料的原料。我国许多中小型企业均采用 Pidgeon 工艺生产镁[50]。另外，我国的白云石矿石分布广泛，储量丰富，品质优良，为皮江法炼镁工艺的发展提供了得天独厚的条件。近年来，随着国家节能减排政策的要求和环境保护意识的增强，皮江法炼镁工艺带来的负面影响[51]越来越明显，最大的问题就是能源消耗巨大和环境污染严重，这就需要对白云石的热分解和 MgO 的热还原过程做更加深入的研究，结合生命周期理论改进和提高现有工艺技术水平，综合评价金属镁生产过程的经济效益和环境效益，研制出一套绿色、节能的炼镁新工艺，为我国的皮江法炼镁行业提供技术支持，使镁及镁合金行业生产规范、节能降耗、自动化和机械化程度提高。

1.4.2.2 巴尔札诺法

巴尔札诺法从皮江法演化而来，起源于意大利镇 Balzano Process 的一个小型炼镁厂，现如今，巴尔札诺法炼镁工艺已经被巴西 Brasmag 公司采用，并且加大了真空罐的尺寸，真空还原采用内部电加热，因此能量消耗远低于其他还原法，生产原料依然是白云石。巴尔札诺法不同于其他热还原法，该方法是将煅烧后的白云石与硅铁压制成团块放入还原罐中，电加热器直接对团块加热，而不是整个还原罐，罐内压强为 3Pa，反应温度为 1200℃。加热炉仅消耗 7～7.3kW·h/kg镁，其他生产工艺参数和皮江法相似[52]，由此可见，巴尔札诺法炼镁工艺能量消耗明显低于其他热还原法。

1.4.2.3　玛格尼法

玛格尼法又被称为半连续热还原法[53]。此法起源于法国，是 1960 年前后由Pechiney 铝业公司提出的，玛格尼法不久就成为美国西北部制取金属镁的主要生产方法，与皮江法工艺不同，该工艺采用的密封还原炉的钢外壳内砌有保温材料和碳素材料的内衬，采用电阻材料内部加热，反应温度高（1300～1700℃）[54]。还原炉料中不仅有煅烧白云石和硅铁，还有煅烧铝土矿，用来降低熔渣的熔点，熔渣通电所产生的热量使炉内温度保持在 1723～1773K，液态的熔渣直接抽出，并且不会破坏炉内的真空。这种半连续热还原法采用的是连续加料，间断排渣的方式，并且不产生有害气体，生产能力大，但是成本较高[55]。电炉还原反应是在真空条件下进行的，该方法以白云石和铝土矿为原料，用 Si（Fe）作还原剂。玛格尼法的主要特点相似，都是在反应炉中采取电加热的方式，一般反应炉内温度为 1300～1700℃，但玛格尼法炼镁炉内所有的物质均为液态。玛格尼法采用高温煅烧的主要原因有以下两点：

（1）在反应器内部进料多的情况下，反应器内仍需保持真空度为 0.266～13.3kPa。

（2）还原反应需要高温条件。

玛格尼法炼镁工艺中镁蒸气以气态或液态富集在冷凝装置上，整个生产周期为 16～24h。在玛格尼法炼镁工艺中，日产金属镁量一般在 3～8t，每消耗原料 7t可生产金属镁 1t。

1.4.2.4　MTMP 法

2004 年，南非的 Mintek 与 Eskom 公司共同发表了 MTMP 法（Mintek Thermal Magnesium Process），又因为这个方法是由两家南非公司所共同开发的，所以又称为南非热法。MTMP 法炼镁工艺是利用硅铁作还原剂，反应温度控制在 1700～1750℃，通过电弧炉提取白云石或 MgO 中的 Mg，最终，镁蒸气以液态形式在冷凝室内富集[52]。MTMP 法炼镁工艺允许瞬间排放废渣，还原过程在大气压下进行，排放废渣和取镁过程不需要切断真空环境，可实现连续性生产。

随着镁资源冶炼技术的不断发展，MTMP 法也在不断优化。2002 年，用

MTMP 法生产的金属镁品质已经可以达到 80% 以上，但还存在取镁不及时问题，致使生产的部分环节不能连续工作。2004 年 10 月，在 MTMP 法中应用了一种新式的冷凝装置，整个生产周期为 8 天。MTMP 法炼镁工艺方法中的冷凝装置包括熔炉、工业肘、电弧炉、第二冷凝室、搅拌器、过压保护装置和清理颗粒的活塞。

MTMP 法中电弧炉温度在 1000~1100℃，进料平均速度为 525kg/h，通过阀门控制进料配比约为：5.5% 的 Al，10.7% 的 Fe，83.8% 的白云石。混合原料经过反应炉发生还原反应生成镁蒸气，镁蒸气通过工业肘冷凝成液态镁，液态镁富集在熔炉中（熔炉上端装有提高金属镁纯度的二次富集装置），最终制得的金属镁可以通过熔炉下端开口定期提取[56]。

1.5　中国镁行业产业政策

从 2001 年起，国家发改委和科技部就将镁合金列入优先发展的产业；科技部将"镁合金应用开发及产业化"列入"十五"科技攻关重大专项；2005 年 12 月 21 日国家发改委公布的《促进产业结构调整暂行规定》和《产业结构调整指导目录》中，把高品质镁合金铸造及板、管、型材加工技术开发项目列入鼓励类发展项目。2006 年，国家科技部又公布了"十一五""镁及镁合金关键技术开发及应用"的重大支撑项目，国家再投入 5000 万元人民币作为导向资金，用于镁的关键技术开发及镁的应用。国家政策的高度导向，有利于中国大陆镁工业由原镁生产向高技术含量、高附加值深加工产品转变，加速中国大陆镁产业从资源优势向经济优势转变，把中国大陆从镁生产大国发展成为镁合金工业强国[57]。

2009 年，国家对相关部门出台的政策进行了行业整合，工业与信息化部《促进中部地区原材料工业结构调整和优化升级方案》（工信部原〔2009〕664 号），要求限期淘汰年产 1 万吨以下金属镁等"小有色"企业。2009 年出台的《山西省冶金产业调整和振兴规划》，明确要求金属镁冶炼企业综合能耗小于 5.6t 标煤/t，2011 年底年产 1 万吨以下金属镁生产企业全部被淘汰，到 2015 年底前将淘汰年产 2 万吨以下金属镁生产企业。

由原国家发改委组织，现由工业和信息化部原材料工业司负责起草的《镁行业准入条件》，明确在企业布局及规模、工艺装备、产品质量、资源和能源消耗、环境保护、安全生产与职业危害和监督管理等七个方面作出了严格的准入要求，其中对企业规模要求"现有企业年产能应大于 1.5 万吨，改扩建企业年产能应大于 2 万吨，新建镁企业年产能应大于 5 万吨。按照这样的发展规范要求，仅此一项淘汰的企业年产能量将达到 78.3 万吨，剩余企业年产能仅为 53.6 万吨。

目前，在中国已形成了多个初具规模的镁产业群和产业化基地，主要分布在东到胶东半岛、长江三角洲，西到青海、宁夏、重庆，南到珠江三角洲，北到辽宁、吉林、黑龙江，中到河南、北京等区域，初步形成了一条镁及镁合金创新技术产业链。该产业链贯穿我国的东西南北中，展现了从原材料生产、生产装备制造、镁合金产品开发到形成产业化示范基地的高新技术格局，从而推动我国的镁产业结构发生变化，带动镁产业深加工。2015 年以前，国外不会有大型镁项目投产，还会依赖中国的供应。同时，新材料、低碳经济、政策引导等一系列因素，使国内企业纷纷看好镁产业，带动了大量的社会投资，为中国实现由镁资源大国向镁及镁合金应用强国的跨越奠定了基础[56]。

2018 年 1~10 月，我国镁金属产量 57 万吨，同比下降 22.4%；各类镁产品出口量 32.4 万吨，同比下降 15.4%，出口金额 8.1 亿美元，同比下降 9.3%；其中，镁锭出口量 16.3 万吨，同比下降 20.2%，镁合金出口量 8.9 万吨，同比下降 10.9%，镁粉出口量 6.3 万吨，同比下降 11%。

2018 年 11 月，国内镁现货均价 18206 元/t，同比上涨 27%；1~11 月，国内镁现货均价 16359 元/t，同比上涨 10.2%；2018 年以来，镁价保持震荡上行走势，11 月初上涨至 18500 元/t，接近近几年高点[58]。

2018 年，镁行业总体运行平稳，国内消费有所增长，镁价持续上涨，但冶炼环节环保改造压力加大，深加工产品应用有待加快，镁行业转型升级任务依然存在以下难题：

（1）原镁产量同比下降，价格震荡走高。据有色协会统计，2018 年，受环保限产等影响，我国原镁产量 86 万吨，同比减少 5.4%。供给收缩支撑镁价上行，全年镁现货均价 16488 元/t，同比上涨 10.5%。据行业协会调研，镁冶炼企业实际盈利水平同比提升，行业效益持续改善。

（2）国内消费持续增长，出口量回落。2018 年，我国镁消费量 45 万吨，同比增长 7%，涨幅同比提高 2%。但由于 3C 产品用量减少，镁加工材消费增速下降。国外镁需求回落，全年累计出口各类镁产品共 41 万吨，同比缩减 11%，出口量占镁产量的 48%。

（3）产业结构调整，高端应用取得突破。2018 年，宝武钢铁集团入股云海金属，联合拓展镁应用，实现国企民企的强强联合。河南省鹤壁镁交易中心成立，通过创新交易模式，加大镁产品流通，促进国内镁市场健康运行。高端镁材生产应用取得新进展，锻造镁合金汽车轮毂实现产业化，已出口至欧美市场，新型可控降解骨修复用镁合金材料达到规模化稳定制备，并为国内医疗器械企业供货。

（4）环保改造压力大，绿色发展任务艰巨。近年来，国内镁冶炼技术工艺不断改进，但机械化、自动化水平仍然较低，工况条件有待改善，节能减排和废渣回收利用水平亟须提高。2018 年，随着污染防治工作的深入推进，部分镁冶炼企业因环保改造问题停产，企业用工难问题凸显，行业绿色发展任务艰巨。

2019 年，国内外交通运输轻量化发展为扩大镁应用提供更多机遇，也对提升镁全产业链绿色发展水平提出更高要求，改进冶炼技术、扩大镁应用将是推动镁行业高质量发展的重要工作。工业和信息化部将继续推动相关地方政府和企业建设镁冶炼技术研发平台，支持镁行业实施绿色生产适用技术改造，鼓励扩大镁轮毂等重点产品应用，加快镁产业规模化应用进程。

1.6　炼镁渣的问题

1.6.1　镁渣的性质及危害

中国面临的两个重大问题是能源与环境。2019 年我国年镁产量达 96.9 万吨[58]，而每冶炼产出 1t 金属镁，大约产出 6.5~7t 镁渣。因此，按目前的产量，仅去年一年我国就产生了 600 多万吨镁渣。加上近二十几年来的累积效应，总镁渣量十分庞大。

镁渣是利用白云石、蛇纹石、菱镁矿等富含镁元素的矿物，通过电解方法或者热还原法制备金属镁的过程中产生的工业固体废弃物[59]。该工业废弃物是一种呈碱性的块状或粉末状物质，颜色呈现灰色，吸潮后碱性（$pH \approx 12$）很强，性状稳定，容易使堆放过镁渣的土地发生板结和盐碱化，危害农作物的生长，影响土地以后的正常使用。镁渣大量无序、随意的堆积还会随着雨水的冲淋和渗透进入江河和地下水系，改变水体的 pH 值，严重影响着水资源的生态安全。

从化学成分来看，镁渣化学成分主要由 CaO、SiO_2、Al_2O_3、MgO、Fe_2O_3 等组成。由于镁矿石的来源不同及冶炼镁的生成工艺不同，各成分含量并不固定，有一定的波动范围。

镁渣作为炼镁副产品，随着金属镁生产的快速增长，镁渣的危害也凸显出来。镁渣无法利用，只能采用倾倒和填满的方法处理。镁渣在风中风化成粉末状物体，在风中很难沉降，污染面难以控制。

镁渣对人体的危害长期吸入较高浓度粉尘可引起肺部弥漫性，进行性纤维化为主的全身疾病（尘肺）；金属粉尘，可在支气管壁上溶解而被吸收，由血液带到全身各部位，引起全身性中毒。接触或吸入粉尘，对皮肤、角膜、黏膜等产生局部的刺激作用，并产生一系列的病变。镁渣的危害主要表现在以下两方面：

（1）极易形成粉尘污染。镁还原废渣为细粉含量很高的粉尘物，其中 60%~70% 颗粒的直径小于 160μm。完全粉化后的镁还原废渣基本可以直接通过 0.075μm，其细度相当于水泥的细度。这些细于常见煤灰粉尘的镁渣颗粒悬浮在空气中很难沉降，极易在自然环境中形成粉尘污染。极易被吸入呼吸道，造成呼吸道疾病。加上北方气候本就干燥多风，更是加剧了危害的严重性。

（2）极易造成土壤板结。镁还原渣具有很强的吸潮性，容易造成土壤盐碱化，使土壤极易板结。堆积过镁渣的土地及其周围范围基本无法再用于农业耕种，造成大量的农田耕地资源减少。随着中国耕地面积的减少和近年全球粮食价格的上涨，这一大危害逐渐凸显出来[60]。

1.6.2 镁渣的治理与有效利用现状

镁冶炼行业是一个能耗和物耗都很高的行业，生产同时产生的污染也比较大。虽然采用较清洁的焦炉煤气来代替煤块，但其副产物炼镁还原性渣一直得不到很好的处理。随着镁产量的不断增加，镁渣对环境的污染，越来越受到重视。如何结合自身特点，结合当地条件，合理有效地利用镁渣是行业面临的一个难题。

尽管我国发展镁工业有很多有利条件，但在日益激烈的市场竞争中，镁工业存在着技术设备比较落后，热效率低，工人劳动强度大，污染严重，尤其是生产过程中产生大量废渣的问题。国家发改委 2010 年版的《产业结构调整指导目录》中，仍把镁冶炼项目列入限制类，有利于遏制镁行业低水平重复建设和盲目发展，促进皮江法炼镁各工序的优化和炼镁废渣资源的综合利用。

根据中华人民共和国环境保护部公布的《中国环境状况公报》，2015～2020年期间，全国工业固体废弃物的排放量逐渐上升。近 5 年，每年工业固体废弃物的增长率达到了 10%，其中，电力、热力生产与供应、金属的冶炼与加工、有色金属采矿等行业所产生的固体废弃物就达到了总量的 80% 左右[61]。总体看来，我国工业固体废物处于产生量大、利用率低的阶段。

目前对镁渣还没有行之有效的处理方式，主要采用类似填埋在山洼和倾倒在荒地这样的堆放、掩埋办法来进行处理，利用率非常低。镁渣的大量排放堆积，不仅占用了大量的土地资源[62]，还造成扬尘污染，并对农作物和周围环境直接造成了极大的影响。镁渣使土地板结，被镁渣污染过的耕地肥力下降，农作物产量下降，镁渣造成耕地面积减少，而且镁渣随着雨水的冲淋汇入河流对水体还会造成更大的影响，严重危害到人类的身体健康及农作物的生长，成为镁工业的一大害。随着镁工业高速发展，镁渣的量也越来越多，对环境造成危害也越来越被人们关注。由此可见，镁渣带来的危害已经亟须治理。找到一种科学、合理解决镁渣污染的途径显得尤为重要，这将带来巨大的社会效益和生态效益[60]。

我国相对于西方发达的国家是生产金属镁的大国，但是我国对于镁渣的应用还比较局限。由于我国是镁资源存储及出口大国，国外的金属镁生产企业很少，对镁渣这种工业废弃物的研究也就寥寥无几。针对镁渣资源化的问题，国内相关专家、学者开展了大量研究，并取得了一定的成就，我国现有部分镁厂除将镁渣应用于简单的铺路、生产砖、生产建筑用的水泥外，大部分镁渣被弃置填埋。针对镁渣的潜在使用价值，国内有关科研人员已经在相关应用方面开展了研究工作并且取得了一些研究成果，主要集中在利用镁渣制备水泥熟料或混合材、建筑用砖、墙体材料、胶凝材料等。

镁渣中富含 CaO、SiO_2、MgO 等成分，碱性氧化物含量相对较高[63]。在生产水泥方面，镁渣可以充当其他的碱性物质添加至原料中，从而改善水泥的品质，增加安定性[64]；作为墙体材料方面，将磨细的镁渣粉末掺加到矿渣中，混合后，原料中各自化学成分相互反应，可以激发镁渣的活性，从而用简单易行的工艺生产出成本低、强度大、密度小的墙体材料[65]；作为脱硫剂方面，镁渣中氧化钙含量比较丰富，所以用镁渣替代部分氧化钙添加到循环流化床锅炉中可以起到脱硫的效果[66]。

镁渣的重金属浸出毒性结果见表 1.13。采用水浸的 HJ 法和 pH＝2.88 缓冲溶液浸出的 TCLP 法，其重金属浸出结果均远低于标准限值，这说明镁渣不属于危险废物，可以进行农业资源化利用。

表 1.13　镁渣的重金属浸出毒性测试结果

重金属	HJ 557—2010			TCLP 浸出测试			NEN7341
	浸出结果 /mg·L^{-1}	浸出结果 /mg·kg^{-1}	界限 /mg·L^{-1}	浸出结果 /mg·L^{-1}	浸出结果 /mg·kg^{-1}	界限 /mg·L^{-1}	浸出结果 /mg·kg^{-1}
Cr	0.012±0.002	0.12±0.02	10	0.034±0.003	0.68±0.06	5	0.75±0.11
Cu	0.043±0.004	0.43±0.04	50	0.021±0.005	0.42±0.10	15	2.34±0.21
Zn	<0.001	<0.01	50	<0.001	<0.02	25	4.52±0.83
Ni	<0.01	<0.01	10	0.008±0.002	0.16±0.04	20	3.20±0.55
Pb	nd	<0.1	3	<0.01	<0.2	5	<0.50
Cr^{6+}	nd	nd	1.5	nd	nd	—	nd
Cd	nd	nd	0.3	nd	nd	1	nd
As	nd	nd	1.5	nd	nd	5	nd
Hg	nd	nd	0.05	nd	nd	0.2	nd

对于镁渣的资源化利、无害化用，科技工作者进行了大量的研究。朱广东等

人[67]将还原渣加入三线电炉中，将还原渣加热到熔融状态，通过水淬等一系列操作将水淬渣变为水泥原料，为金属镁行业的最大固体废物排放难的问题提供了一条有效可行的方法。韩涛等人[68]发明了一种高性能镁渣的制备方法，通过喷洒稀酸溶液在刚出罐的高温镁渣上，降低了镁渣膨胀率，使矿物中的活性成分含量增加。解决了镁渣堆放等环境污染问题。李东旭等人[69]发明了一种镁渣免烧砖的制备方法，该方法添加镁渣的比例为50%~70%，38天强度可达35.6MPa。该方法原料廉价，制备方法简单，免烧砖具有强度等级高、低收缩、抗冻性好等一系列特性。韩涛等人[70]针对镁渣原料中的C2S（硅酸二钙）水化速度慢，强度增长慢等问题，提供了一种镁渣免烧砖的制备方法，还原镁渣添加量为30%~50%，28天强度为19.7~36.8MPa。吴澜尔等人[71]发明了一种磷化合物，能够稳定皮江法炼镁还原渣中的β-正硅酸二钙，因此可将改质后的镁渣用作混凝土掺合料或水泥混合材使用。吴澜尔等人[72]还发明了镁渣改质剂和镁渣改质方法，利用化学方法使皮江法炼镁镁渣中β-正硅酸二钙向γ-硅酸二钙转化，加入少量硼酸，经过高温焙烧，解决了镁渣的粉化问题。吴永[73]将皮江法炼镁炉渣粉碎，用酸溶解，加入沉淀剂使溶液中的$CaCl_2$生成$CaSO_4 \cdot 2H_2O$沉淀，过滤将$CaSO_4 \cdot 2H_2O$沉淀制成石膏粉，滤液用作业态氮肥。因此，镁渣的综合治理是镁工业清洁型发展的主要课题。

参 考 文 献

[1] 姬克丹. 炽热镁渣激冷水合反应动力学研究 [D]. 太原：太原理工大学，2016.

[2] Mordike B L, Eber T. Magnesium properties application potential [J]. Materials Science Engineering A, 2001, 302：37-45.

[3] 张元源. 硅热法炼镁动力学分析及工艺优化 [D]. 长春：吉林大学，2013.

[4] 刘治国，池顺都. 化工行业中白云石的深加工及应用 [J]. 化工矿物与加工，2003（1）：4-7.

[5] 柳一鸣，喻新平. 白云石的综合开发利用 [J]. 云南化工，2003，30（1）：5-7.

[6] 刘治国，池顺都，朱建东. 白云石矿系列产品开发及应用 [J]. 矿产综合利用，2003（2）：27-33.

[7] 庚莉萍. 我国镁金属产业前景光明 [J]. 铝加工，2008，5：48-52.

[8] 杨重愚. 轻金属冶金学 [M]. 北京：冶金工业出版社，1991.

[9] Gregg J M, Sibley D F. Epigenetic dolomitization and the origin of xenotopic dolomite texture [J]. Journal of Sedimentary Petrology, 1984, 54：908-931.

[10] Sibley D F, Gregg J M. Classification of dolomite rock textures [J]. Journal of Sedimentary Pe-

trology, 1987, 57 (6)：967-975.

[11] 袁聪，赵惠忠，张寒，等. 工艺因素对轻烧白云石活性度的影响 [J]. 耐火材料，2012，46 (1)：48-50.

[12] 中华人民共和国自然资源部（原国土资源部）. 中国矿产资源报告（2018）[C]. 北京：地质出版社，2018.

[13] 白丽梅，韩跃新. 菱镁矿制备优质活性镁技术研究 [J]. 中国非金属矿工业导刊，2005，7 (21)：47-48.

[14] 全跃. 菱镁行业如何应对入世挑战 [J]. 国土资源，2002，1：22-23.

[15] 陈肇友，李红霞. 镁资源的综合利用及镁质耐火材料的发展 [J]. 耐火材料，2005，39 (1)：6-15.

[16] 邸素梅. 我国菱镁矿资源及市场 [J]. 非金属矿，2001，24 (1)：5-6.

[17] 徐日瑶. 镁冶金学（修订版）[M]. 北京：冶金工业出版社，1993，11.

[18] 杨保俊，于少明，单承湘. 蛇纹石综合利用新工艺 [J]. 矿冶工程，2003，23 (1)：47-49.

[19] 万朴. 中国蛇纹石纤维资源及其资源环境 [J]. 中国非金属矿工业导刊，2005 (1)：50-52.

[20] 马培华. 中国盐湖资源的开发利用与科技问题 [J]. 地球科学进展，2000，15 (4)：365-375.

[21] 王纯. 过硼酸钙和过氧化镁的制备 [D]. 大连：大连理工大学，2010.

[22] 黄西平，张琦，郭淑元，等. 我国镁资源利用现状及开发前景 [J]. 海湖盐与化工，2004，33 (6)：1-6.

[23] 蒋启，江鸿. 我国采矿业走向有序轨道任重道远 [J]. 中国非金属矿业导刊，2005，2 (46)：59-61.

[24] 王宇菲，陈艺锋. 察尔汗盐湖镁资源利用途径分析 [J]. 世界有色金属，2000，12：14-15.

[25] Hoy-Petersen N. Proc. 47th Annual World Magnesium Conf. [C]. International Magnesium Association, 1990.

[26] Pidgeon L M, Alexander W A. Thermal production of magnesium-Pilot plant studies on the retort ferrosilicon process [J]. Trans, AIME, 1944, 159：315-352.

[27] Osborne R, Cole G, Cox B, et al. USCAR project on magnesium structural casting [C]. Imaproceeding. International Magnesium Association, 2000：1-5.

[28] 苏鸿英. 世界镁工业生产和技术展望 [J]. 世界有色金属，2004 (8)：36-39.

[29] Beals R S, Tissington C, Zhang X, et al. Magnesium global development：Outcomes from the TMS 2007 annual meeting [J]. The Journal of The Minerals, Metals & Materials Society, 2007, 59 (8)：39-42.

[30] 张同俊，李星国. 镁合金的应用和中国镁工业 [J]. 材料导报，2002，16 (7)：11.

[31] 侯宇. 添加剂改性炽热镁渣激冷水合脱硫剂的试验研究 [D]. 太原：太原理工大

学，2017.

[32] 尤晶，王耀武. 皮江法炼镁还原机理 [J]. 过程工程学报，2019，19（3）：561-566.

[33] 刘红湘，戴永年，马文会，等. 中国镁工业研究方向探讨 [J]. 轻金属，2007（1）：46-49.

[34] Brooks G, Trang S, Witt P, et al. The carbothermic route to magnesium [J]. The Journal of the Minerals, Metals & Materials Society, 2006, 58（5）：51-55.

[35] 彭建平，陈世栋，武小雷，等. 碳化钙热法炼镁试验研究 [J]. 轻金属，2009（3）：47-49.

[36] Yang J, Kuwabara M, Liu Z Z, et al. In situ observation of aluminothermic reduction of MgO with high temperature optical microscope [J]. The Iron and Steel Institute of Japan, 2006, 46：202-209.

[37] Byron B. Global overview of automotive magnesium requirements and supply and demand [C]. International Magnesium Association（IMA），1997.

[38] 徐日瑶. 金属镁生产工艺学 [M]. 长沙：中南大学出版社，2003.

[39] R. Vecchiattini, Ph D. Thesis. DEUIM [D]. Italy：University of Genoa, 2002.

[40] Carlson K D, Margrave J L. The Characterization of High-Temperature Vapors [J]. Ed. JL Margrave, John Wiley and зопз, NY, 1967.

[41] Stanley R W, Berube M, Celik C, et al. The Magnola process magnesium production [J]. IMA 53. Magnesium—a Material Advancing to the 21st Century, 1996：58-65.

[42] Sharma R A. A new electrolytic magnesium production process [J]. Jom, 1996, 48（10）：39-43.

[43] Duhaime P, Mercille P, Pineau M. Electrolytic process technologies for the production of primary magnesium [J]. Mineral Processing and Extractive Metallurgy, 2002, 111（2）：53-55.

[44] Faure C, Marchal J. Magnesium by the magnetherm process [J]. Journal of Metals, 1964, 16（9）：721-723.

[45] 段丽萍. 炽热镁渣激冷水合产物分形特征研究 [D]. 太原：太原理工大学，2015.

[46] 徐日瑶. 硅热法炼镁生产工艺学 [M]. 长沙：中南大学出版社，2003.

[47] 柴跃生，孙钢，梁爱生. 镁及镁合金生产知识问答 [M]. 北京：冶金工业出版社，2005.

[48] Projjal B, Sarkar S B, Ray H S. Isothermal reduction of coal mixed iron oxide pellets [J]. Transaetion of the Indian Institute of Metals. 1989, 42（42）：72-165.

[49] 蒋汉祥，赵齐强，郭红. 白云石生产金属镁的工艺技术 [J]. 重庆大学学报（自然科学版），2006，29（9）：64-67.

[50] Ding W, Zang J. The pidgeon process in China [C]. 3rd Annual Australasian Magnesium Conference, Sydney, Australia. 2001：7.

[51] Ramakrishnan S, Koltun P. Global warming impact of the magnesium productd in China using the pidgeon process [J]. Resources, Conservation and Recycling, 2004, 42（1）：49-64.

[52] 韩继龙，孙庆国. 金属镁生产工艺进展 [J]. 盐湖研究，2008，4：59-65.

[53] Manik C G, Swatantra P, Samar B J S. Klneties of smelting reducing of fluxed compositeiron and pellets [J]. Steel Research, 1999, 70 (2)：41-46.

[54] 姚维学，付再华，刘同飞，等. 焦炉煤气的综合利用 [J]. 河北化工，2009，12：34-36.

[55] Zhang J C, Wen X, Cheng F. Preparation, thermal stability and mechanical properties of inorganic continuous fibers produced from fly ash and magnesium slag [J]. Waste Management. 2021, 120：156-163.

[56] 王冲. 基于 LCA 理论的白云石煅烧过程及炼镁新工艺的研究 [D]. 长春：吉林大学，2013.

[57] 徐祥斌. 皮江法炼镁冶炼渣用作燃煤固硫剂的试验研究 [D]. 赣州：江西理工大学，2011.

[58] 中国有色金属工业协会镁业分会. 2014 年 1~12 月我国原镁产量统计情况 [EB/OL]. 2015-02-01.

[59] Xiao L G, Wang S Y, Luo F. Status research and applications of magnesium slag [J]. Journal of Jilin Institute of Architectural & Civil, 2008.

[60] 刘征官. 以镁渣为原料制备炉条砖的工艺以及材料相关性能的研究 [D]. 太原：太原科技大学，2012.

[61] 王宁宁，陈武. 工业固体废弃物资源综合利用技术现状研究 [J]. 农业与技术，2014，34 (2)：251-252.

[62] 田玉明，周少鹏，王凯悦，等. 镁渣资源化研究新进展 [J]. 山西冶金. 2014，1：1-4.

[63] Cai J W, Gao G L, Bai R Y, et al. Research on slaked magnesium slag as a mineral admixture for concrete [J]. Advanced Materials Research, 2011, 287-290：922-925.

[64] Thomas J J, Jennings H M, Chen J J. Influence of nucleation seeding on the hydration mechanisms of tricalcium silicate and cement [J]. Journal of Physical Chemistry C, 2009, 113 (11)：4327-4334.

[65] 陈恩清，吴连平. 镁还原渣和粉煤灰生产加气混凝土工艺研究 [J]. 三峡大学学报（自然科学版），2006，25 (6)：522-523.

[66] 乔晓磊，金燕. 金属镁冶炼还原渣脱硫性能的实验研究 [J]. 科技情报开发与经济，2007，17 (7)：185-187.

[67] 朱广东，刘彩荣. 一种皮江法炼镁还原渣无害化利用方式：中国，CN 107915413 A [P]. 2018/04/17.

[68] 韩涛，靳秀芝，王慧奇，等. 一种高性能镁渣的制备方法：中国，CN 104370482 [P]. 2015/02/25.

[69] 李东旭，冯春花. 一种镁渣免烧砖及其制备方法：中国，CN 102503313 A [P]. 2012/06/20.

[70] 韩涛，杨凤玲，程芳琴，等. 镁渣免烧砖及其制备方法：中国，CN 102942347 A [P]. 2013/02/27.

［71］吴澜尔，韩凤兰，杨奇星，等．一种用磷化合物稳定皮江法炼镁还原渣中β-正硅酸二钙的方法：中国，CN 102730706 A［P］．2012/10/17．

［72］吴澜尔，韩凤兰，杨奇星，等．一种镁渣改质剂及镁渣改质方法：中国，CN 102071327 A［P］．2011/05/25．

［73］吴永．皮江法炼镁炉渣的综合利用方法：中国，CN 103553109 A［P］．2014/02/05．

2　皮江法炼镁

<<<<<<<<<<<<<<<<<<<<<<<<<<<<<<<<<<<<<<<<<<<<<<<<<<<<<<<<<<<<<<<<<

中国是目前世界上最大的原镁生产国。中国炼镁工艺主要以皮江法为主。皮江法（Pidgeon Process）炼镁是指在还原罐内加料（白云石），罐外加热的还原炉中，用含75%（质量分数）的硅铁还原剂将煅烧后的白云石还原成金属镁的真空热还原法炼镁的方法。以发明者皮江（L. M. Pidgeon）命名的这种方法应用时间较长，该法自诞生以来已有70多年的历史，在我国获得工业应用也已超过40年。

目前主要有电解法炼镁和还原法炼镁两种主要炼镁方法。与电解法炼镁工艺相比，还原法具有：工艺流程较简单成熟、投资小、建设周期短，可利用多种热源，镁的质量好，电耗少，可利用煤、天然气、重油、煤气等能源的优点。另外，我国是白云石的资源大国，储量居世界首位，开采年限可达千年以上，为皮江法炼镁的可持续发展创造了良好的资源条件。但是皮江法也存在还原罐的尺寸小、单罐装料量低、热效率低、间断生产、劳动强度大、能量消耗大、环境污染严重等问题[1,2]。但由于间歇作业、单台生产能力低、能耗较高等问题，影响了它的发展。

2.1　皮江法炼镁工艺

2.1.1　皮江法炼镁工艺介绍

皮江法炼镁工艺包括白云石煅烧、粉磨与压球、真空热还原等过程。白云石煅烧是以回转炉为主，白云石煅烧回转炉是以煅烧白云石为原料、硅铁为还原剂、萤石为催化剂，进行计量配料。粉磨后压制成球，称为球团。煅烧白云石的粉磨、配料、压团至球团料装炉过程要尽量快（一般不超过4h），球团料要放在密封的纸袋内，以防止因吸潮导致物料活性降低而影响还原镁的收率[3]。此后，将球团装入还原罐中，加热到1200℃，内部抽真空至13.3kPa或更高，则产生镁蒸气。镁蒸气在还原罐前端的冷凝器中形成结晶镁（亦称粗镁），再经熔剂精炼，产生商品镁锭（即精镁）。

皮江法炼镁采用硅热还原把金属镁冶炼出来，主要化学过程有两步：

（1）白云石煅烧。在此过程中发生的化学反应为：

$$MgCO_3 \cdot CaCO_3 \xrightarrow{1100 \sim 1200℃} MgO \cdot CaO（煅白）+ 2CO_2 \uparrow \qquad (2.1)$$

（2）还原反应。在此过程中发生的化学反应为：

$$2MgO \cdot CaO + Si(Fe) \xrightarrow{(1200 \pm 10)℃} 2Mg + 2CaO \cdot SiO_2 \qquad (2.2)$$

皮江法生产镁及镁合金的主要工艺流程、基本路线在国内外都是一样的，各企业工艺先进性高低、清洁生产水平的差别主要体现在机械化和自动化程度不同，燃料、能耗的变化及各工段设备的变化上。国内外炼镁企业在这几方面的现状总结如下：

（1）皮江法工艺中提高机械化、自动化程度的主要手段有三个。一是采用微机配料、粉磨、制球封闭联动线；二是采用机械扒渣、清罐、加料、出镁设备；三是采用机械化连续浇铸。国外先进企业这三点都能做到，而目前国内先进性企业只能做到两点，大多数镁厂也就能做到一点甚至全都做不到，企业的机械化程度很低，亟须改进。

（2）我国大部分镁厂都是以煤为燃料，每生产 1t 镁要消耗 8~12t 优质煤，不仅造成能源和资源的浪费，而且排放出大量的废气，造成比较严重的环境污染。比较国内外先进炼镁企业使用清洁能源的效果可知，使用清洁能源是提高皮江法炼镁水平的有效途径。目前，国内有些厂家使用水煤浆，使燃烧的二氧化硫和氮氧化物的排放浓度大幅降低，使烟尘排放达到林格曼黑度 0 级，极大改善了皮江法炼镁对环境的影响。维恩克科技公司在炼镁生产中，采用水煤浆作为燃料以来，已经取得了很好的效果，使煤的燃烧效率达到 98% 以上，预计节煤 20%~30%[4]。

（3）目前国内外主要采用的煅烧窑（炉），按先进性高低排序有套筒式竖窑、回转窑、立窑。回转窑是目前用于煅烧白云石最广泛的一种设备，无论白云石是何种结构，只要控制好工艺条件在合理的窑转速和加料量情况下均能够煅烧得到品质良好的煅白（煅烧白云石），与立窑比较，它的原料利用率是立窑的 2 倍，高达 90% 以上，而立窑仅为 40%~50%[5]。目前，日本在硅热法炼镁中用回转窑煅烧白云石比较普遍。日本田泽工业株式会社现有 φ2.5m×55m 回转窑 2 条，煅烧高铁白云石，生产能力 3 万吨/年[6]。回转窑虽然各项工艺指标较好，但是它由于具有运营成本较高、热利用率较低的缺点，所以并不是最先进的窑型。近年来，集节能、环保、性能好于一身的套筒式竖窑在欧洲和日本使用广泛。实践表明，套筒式竖窑设备简单，操作和维修方便，工作环境较好，产品质量优良，是一种很有发展前景的新型窑型[7]。

（4）还原工序是镁生产的核心，还原炉型在很大程度上影响着工艺的先进性。传统镁还原炉的装料周期长、效率低、装料不均匀，罐内上部存在空隙，传热效果不理想，多数传统镁还原炉缺少余热回收装置，高温烟气直接排放到大气中，能源浪费严重，对环境的破坏程度也很大[8]。新型的双蓄热还原炉采用空气、煤气双蓄热燃烧方式。还原炉采用沿炉长方向的端部供热，各供热点采用半内置蓄热烧嘴，煤气采用二位三通换向阀、空气采用二位四通换向阀进行换向。

国际上最新炼镁还原技术应该是内热式电热法金属镁真空冶炼新技术。该项技术采用二次能源即电加热方式，从反应料内部加热，在避免燃料燃烧导致的污染问题的同时，可以提高还原温度，加速反应过程，缩短还原周期，提高热效率，降低能耗，同时可以增大炉容，提高单炉产量。该工艺不需要昂贵的金属还原罐，成本降低，另外可设计为自动加料和自动出料的连续式生产，大大减轻劳动强度[1,9]。

2.1.2　皮江法炼镁原材料

皮江法生产金属镁是以白云石为主要原料、以硅铁为还原剂、萤石为催化剂，进行计量配料，在还原罐（炉）完成还原反应，制得粗镁。白云石灼减约为47%。白云石在焙烧中47%都分解为 CO_2 气体进入大气。

白云石在矿山破碎到符合要求的粒度，进厂内白云石堆场储存。硅铁和萤石直接进厂内仓库储存。在硅热法炼镁中，煅烧白云石的效果直接影响到镁的还原收率，不同类型的炉窑和不同的燃料以及不同结构类型的白云石，其煅烧条件及煅烧效果亦有差异。白云石由于其杂质成分的不同，结构的不同使它所具备的物理、化学性能有一定的差异。目前大致分为两类：一类是无一定形状具有网状结构的白云石；一类是具有六方菱形结构的白云石。

（1）无一定形状具有网状结构的白云石，煅烧后仍能保留白云石的结构特性。这种煅白其粒子表面缺陷大，颗粒的聚合力大，受机械作用后易发生变形。它的还原性较具有六方菱形结构的白云石大。

（2）具有六方菱形结构的白云石易破碎，煅白细磨时也较网状结构的白云石易磨，且不粘磨，但其反应性较低。

（3）两种煅白的水化活性相差很小，而还原性能相差很大。这表明煅白的水化活性度只代表煅白吸湿性，不能完全代表其还原性。一般来说水化活性度高，还原性能也高。但相同的水化活性，由于白云石结构不一样，其还原性能不一定相同。

（4）选用无一定形状网状结构的白云石，由于强度大硬度大，碎矿时容易保证白云石块度，即粉碎率低。

（5）无一定形状网状结构的白云石由于其晶格能小，热分解时吸热能力较六方菱形结构的白云石低，即煅烧时能量也较低，且在煅烧时热裂性小。

从以上可以看出：具有六方菱形结构白云石煅烧后，粉碎率高，易磨，不太适用于竖窑、混装立窑。而在沸腾炉、回转窑中效果比较理想。因为竖窑、混装立窑的煅后料均会积在底部出料口，受上面料层压力，极易变成较小粒度的料，使窑内透气性差，易堵，影响整个窑的正常运行。但在回转窑及沸腾炉上不存在这个问题。

无一定形状具有网状结构的白云石，由于强度大、硬度高、晶格能小、热分解时吸热较六方菱形结构的白云石低。所以在竖窑、混装立窑内也可以取得较理想的煅烧效果。它所适应的炉型范围很广，回转窑内也可以取得好的煅烧效果。

综上所述，在现在的生产厂家中，同样是竖窑，因为白云石矿具有的结构特征不一样，煅后还原性能不同也是正常现象。

2.1.3 皮江法炼镁工艺流程

在皮江法炼镁过程中主要有四个工序，共分别为煅烧工序、制球（球团）工序、真空热还原和精炼。

2.1.3.1 白云石煅烧

白云石煅烧是指将白云石在回转炉（回转窑）或竖窑中加热 1100 ~ 1200℃，烧成煅白（MgO·CaO）的过程。具体过程为：经破碎筛分后粒径范围为 10 ~ 40mm 的白云石原料，由大倾角皮带输送机送入竖式预热器顶部料仓；竖式预热器受料仓中物料经加料管送入预热器预热箱体内；白云石在预热箱体内缓慢下移，并经 1000 ~ 1100℃ 的窑尾热气预热到 900℃ 左右；回转窑通过安装在炉窑部烧嘴，向窑内提供高温热源，高温煅烧使白云石在 1150 ~ 1200℃ 发生 $MgCO_3$ 热分解反应，生成金属镁还原所需的 MgO 和 CaO。其反应方程式为：

$$CaCO_3 \cdot MgCO_3 \longrightarrow MgO + CaO + 2CO_2 \uparrow \qquad (2.3)$$

煅烧后的白云石在竖式冷却机内冷却，冷却空气由二次风机提供。二次风机提供的冷却空气一方面把进入冷却器的煅白温度降至 100℃ 以下，同时该冷却空气也被加热至 700℃ 以上，作为燃烧系统的助燃空气。冷却后的煅白经竖式冷却机下部的振动卸料机卸出，经由板式输送机和斗式提升机转运至储库进行储存。

预热器出来的烟气，直接进入电除尘器内进行除尘，经除尘后的废气粉尘含量低于 80mg/m³，以满足国家环保有关要求。白云石输送设备的皮带输送机，设有皮带廊来进行密封。白云石筛分及煅烧白云石储存系统设有脉冲袋式除尘器，有效防止煅白入库以及卸料和白云石输送筛分时造成的环境污染。

2.1.3.2　配料制球

配料制球是指以煅白、硅铁粉和萤石粉计量配料、粉磨，然后压制成符合工艺要求的球团的过程。球团制备就是为还原工序准备原料，其具体过程为：煅烧制得的煅白料（煅后白云石）先进行分拣，硅铁自原料堆场经颚式破碎机破碎成 10~20mm 的粒度，与萤石煅烧后的合格煅白按照一定的比例（煅白：硅铁：催化剂萤石 = 100：7.8：0.06）进行混配，后进入球磨机中进行球磨，磨成 125μm（120 目）左右的混合粉料；磨好的粉料经斗提机提升到压球机，以 9.8~29.4MPa 的压力挤压成 40mm 左右的椭圆状球体并过筛，筛下小于 30mm 的球体和粉料返回重新压球，制成的合格球体送还原车间。

2.1.3.3　还原

将制成的球团装入还原罐中，装入挡火板，将罐口密封好，启动射流喷射泵产生真空，使整个真空系统达到 5Pa 以下。还原炉用发生炉煤气作为燃料，加热到 1150~1200℃时，球体呈熔融状态，在萤石的催化作用下，硅铁中的硅原子将氧化镁中的镁离子还原为金属镁。高温下的金属镁升华成金属镁蒸气，在还原罐头部被冷却，使镁蒸气冷凝成为固体粗镁。一般反应时间为 12h，当球体中的 MgO 被全部还原成金属镁后，将还原罐盖打开，靠液压机将金属镁取出。还原罐中剩余的废渣由人工取出，倒入火坑，向废渣喷水以防止灰尘扬起。硅热法还原主要化学反应过程为[10]：

$$2MgO + 2CaO + 2Si(Fe) \xrightarrow{1190 \sim 1210℃} 2CaO \cdot SiO_2 + 2Mg \uparrow \qquad (2.4)$$

还原过程为间歇性作业、各厂所用的还原罐规格不同，装料量、镁产量、还原周期也各异，一般周期为 8~12h。也有使用大罐的，大罐的还原周期为 24h。一个还原周期开始时，先将球团料加入还原罐内，此部位即为还原反应区。然后依次放入阻挡球团料热辐射的隔热屏、镁结晶器和碱金属捕集器，再盖好端盖抽真空。

为获得致密的结晶镁，还原是在低于 10Pa 的真空条件下进行的。还原反应区温度控制在 1200℃。在此温度下，球团料中的 MgO·CaO 被硅铁中的硅还原成金属镁。生成的金属镁蒸气逸至结晶器结晶，而生成的碱金属蒸气则在碱金属捕集器内冷凝，与镁结晶分离，还原结束时，关闭真空机组，并将真空系统与大气接通，打开还原罐取出碱金属捕集器、镁结晶器和隔热屏，扒净残渣，结晶镁送去精炼。

2.1.3.4 精炼铸锭

该过程将粗镁加热熔化，在约710℃高温下，用溶剂精炼后，铸成镁锭（亦称精镁）。

2.1.3.5 酸洗

该过程将镁锭用硫酸或硝酸清洗表面，除去表面夹杂，使表面美观。

2.1.4 影响镁还原过程因素

皮江法炼镁过程中，真空热还原过程是整个皮江法炼镁过程的核心过程，也就是镁制得的过程。此过程的好坏直接影响金属粗镁的产量，因此需要重视还原过程的影响因素。

2.1.4.1 煅白的活性度、灼减度和杂质含量对镁的还原度影响

煅白活性度在30%~35%之间，镁的产出率显著升高。煅白灼减度大于0.5%，会严重影响罐内真空度，同时还会使析出的H_2O和CO_2同镁蒸气发生反应，影响还原速度。另外，其他杂质如SiO_2、Al_2O_3等杂质太高时，会与CaO、MgO生成炉渣，相应地降低了MgO的活性度，同时生成炉渣容易结瘤，给操作带来困难。当球团中的K_2O和Na_2O总含量（质量分数）大于0.15%时，会使金属镁析出还原罐时产生氧化燃烧损失，从而降低镁的实收率。

2.1.4.2 硅铁还原能力的影响

生产实践证明，采用含硅量（质量分数）小于50%的硅铁还原时，镁的产率太低。当采用含硅量大于75%的硅铁还原时，镁产量显著提高。但进一步提高硅铁中的硅含量时，对镁的产率提高不太明显，因此采用含硅量大于75%的硅铁还原是经济合理的。王耀武等人[11]发明了一种含铝炼镁还原剂，利用铝锭、废铝和铝合金为原料制得含铝炼镁还原剂，炼镁过程采用目前皮江法相同的设备。冯乃祥等人[12]发明了以硅镁合金作为还原剂的真空炼镁方法，该还原反应1000~1300℃和小于80Pa的真空条件下进行，可以使生产镁的能耗大大降低，生产效率得到了大幅度的提高。韩凤兰等人[13]发明了一种替代萤石的含硼矿化剂，用量比萤石少，降低了氟对环境的污染。同样，韩凤兰等人[14]以稀土氧化物作为矿化剂得到改质后的镁渣具有较好的胶凝活性，在水

泥和混凝土砌块中应用可以增大加入比例，提高了镁渣的利用率。在还原步骤方面，董家驭等人[15]发明了一种新型皮江法炼镁的还原步骤，通过还原罐的转动实现物料的搅动，使中间物料及时获得热量，解决了物料反应蒸汽压高的状况，缩短了还原时间和降低了还原温度。

2.1.4.3 配料比影响

具体生产实践生产证明，随着硅与氧化镁摩尔比的提高，镁的产率就会提高，但硅的利用率也会随此摩尔比提高而降低。为了合理利用硅铁还原能力，并有效提高镁的产率，应保持硅与氧化镁摩尔比为 1.8~2.0，同时在生产过程中根据来料构成、硅铁含量等变化及时调整此配料比。

2.1.4.4 还原温度和真空度影响

正常生产过程中，应控制还原温度为 1100~1150℃，控制炉温为 1150~1200℃，控制真空度为 10~15Pa。如果再提高还原温度，虽然能提高还原速度和金属镁的回收率，但对还原罐和炉子寿命影响很大，所以应该均衡考虑。

2.1.4.5 矿化剂的影响

在硅热法还原过程中，按白云石及还原罐生产情况，在球团物料中加入1%~3%的 CaF_2，目的是加速 SiO 和 CaO 生成 $CaSiO_3$ 的反应，提高还原速度，增加产量。

2.1.4.6 物料粒度的影响

煅白和硅铁的粒度，不仅对成团有影响，同时还影响镁的还原过程。颗粒细小、混合均匀的球团，能增大煅白和硅铁的接触面积，加速反应，提高还原速度，但太细时，球团易热断裂和粉化，影响还原反应的正常进行。

2.1.4.7 球团的密实度和强度影响

提高制团压力、球团强度和密实度，可以减少破碎，提高装量，改善导热效果，加速反应，提高产量和提高镁的实收率。其中，要求球团的密实度为 1.9~2.1g/cm³，球团的强度要求从 1m 高处自由落到水泥地板碎成 3 到 4 块而不能见到粉末[10]。吴永[16]将团料压制成蜂窝煤状盘式团料取代传统工艺中的核桃状团料，发明改变了团料装罐后的放置状态，提高了装填系数，增大了单罐装料量，改善了还原罐内的热能分布，提高了热效率和单罐产量。

2.1.5　生产过程中的副产物

2.1.5.1　镁渣的余热利用

经过近十几年来蓄热式还原炉的应用，生产镁的能耗已从生产1t镁消耗标煤10t降至4~5t[17,18]。但如果加上还原剂硅铁的能耗，皮江法炼镁技术的综合能耗仍高达8t标煤以上，单位能耗甚至超过金属铝，是单位能耗最高的有色冶金行业之一[19]，其中一个最主要的原因是还原过程中MgO还原率较低，目前约为80%，未有较大提高[20,21]。

白云石煅烧过程中消耗大量能源，产生高温烟气，烟气如果直接排放，高温烟气中蕴含的能量就白白浪费了。如果对白云石煅烧余热进行回收就可减少这种能源浪费。余热回收可从以下几个方面实施：

（1）把高温废气引入竖式预热器，对白云石进行预热，减少白云石在回转窑的加热时间，节省煤气。

（2）利用高温废气进行余热发电，发出的电用于生产的各个项目或并网。

（3）增加余热回收锅炉收集烟气热量，用来生产热水，用于冬季取暖或日常生活。最后排出的烟气，温度大幅降低，布袋除尘后排入大气[22]。

从还原罐里刚掏出的镁渣温度很高（1200℃左右），蕴含着巨大的能量，目前大多数镁企都没有采取措施利用，这些热量都白白浪费掉了，所以对镁渣的余热进行回收将能有效降低吨镁的能耗。因此可以研制一种镁渣余热回收装置，把冷空气从镁渣回收仓的底部往上吹，高温镁渣从仓的顶部往下落，镁渣和空气充分进行热交换，产生高温空气，高温空气用于物料预热或生产生活用热水。

2.1.5.2　镁渣的回收利用

镁冶炼产生大量的镁渣，企业每生产1t粗镁，会产生6~10t的镁渣[23]。镁渣的用途很广，可以用来生产水泥、混凝土膨胀剂、路用材料等。在府谷京府煤化企业利用镁渣、焦末生产免烧砖，效果就比较理想，既处理了镁渣，又使企业获得了新的利润来源[22]。

2.2　皮江法炼镁主要设备

2.2.1　预热炉（器）

预热器顶部一般设有一个料仓，料仓上设有料位计控制料层高度；料仓和预热器本体之间设有溜料管，将白云石送入预热器内，并起到料封的作用，防止冷空气进入预热器内。原料进入预热器，利用窑内煅烧后放出来的高温废气朝进料方向逆向流动，进行充分的热交换，将物料均匀预热，借助各个液压推杆依次推至窑内，达到缩短物料在窑内煅烧时间的目的，热交换后的烟气，经除尘器处理后排入大气。

2.2.2　煅烧炉

当前煅烧白云石的主要设备有回转窑、竖窑、沸腾炉、燃气立窑及混装立窑等。

2.2.2.1　回转窑

白云石煅烧回转炉是活性白云石的关键设备，回转窑主要由传动装置、托轮支承装置、托挡轮支承装置、筒体、窑头、窑尾以及密封装置等组成。白云石煅烧回转炉筒体是受热的回转部件，采用优质钢板卷焊制成，与水平呈一定的斜度，整个窑体由托轮装置支承，并有控制窑体轴向窜动的机械或液压挡轮装置。传动装置通过设在筒体中部的齿圈使筒体按要求的转速回转。传动部分除设置配套直流或变频调速主电机的主传动外，还设置了为保证在安装和维修及主传动电源中断时仍能使窑体慢速转动、防止窑体变形的辅助传动装置。为防止冷空气进入和烟气粉尘溢出筒体，在筒体的进料端（尾部）和出料端（头部）设有可靠的窑尾和窑头复合鱼鳞片密封装置。工程上采用直径较大、窑长较短的窑型，既减少了窑体上下窜动幅度、延长窑内结圈周期，又节约了占地。

白云石矿粒度较小（5~25mm），窑内料随着窑的旋转，充分翻滚，强化了辐射传热过程。物料加热均匀，煅烧完全。煅烧温度容易控制。白云石在合理的窑转速和给料量下煅烧获得极好的活性度与较低的灼减。从降低生产成本考虑，回转窑是镁厂最理想的设备选择。国内皮江法炼镁厂家，大部分采用回转窑煅烧白云石。回转窑煅烧白云石，无论白云石是何种结构，只要控制好工艺条件，其煅烧效果均很好。

生产实践证明，回转窑生产出的煅白活性度高，镁的提取率和硅的利用率也比较高。而其他一些炉型生产出的煅烧白云石活性度高，镁的提取率和硅的利用率也比较高。而其他一些炉型生产出的煅烧白云石活性度就比较差。

回转窑是煅白的关键设备，由筒体、传动装置，托、挡轮支承装置，窑头、窑尾密封，窑头罩及燃烧装置等部分组成。目前国内用于煅烧白云石的最大回转窑是宝钢$\phi 3m \times 70m$回转窑，日产煅白600t。较小的回转窑有$\phi 1.2m \times 26m$，日产煅白18t。

2.2.2.2 竖窑

竖窑是一种不转动的立式煅烧设备。目前国内小规模热法镁厂，尤其是乡镇企业，个体企业采用较多。年产200~300t镁厂，大都采用这种形式的煅烧设备。它的特点是结构简单，一次性投资小，与回转窑相比，竖窑产量低，损耗大，煅白活性低。因为煅白在窑内冷却停留时间长，易吸水和粉化，而且存在煅烧带温度低，欠烧，热效率低，料层阻力大，煅烧料粒度（60~150mm）相差较大等问题。因此要求在利用竖窑煅烧白云石技术上需要改进，除了完善操作、精选原料外，还可以改进炉子结构，提高机械化程度，使用燃煤机械减轻劳动强度，采用半煤气外燃烧室，底部出料。合理使用好竖窑，仍是目前小型镁厂必不可少的一个环节。

2.2.2.3 沸腾炉

沸腾煅烧是国内近年来煅烧白云石的一种新技术。国外把沸腾加热技术应用于煅烧白云石质石灰，效果很好。由于这种设备投资少，产能大，能耗比回转窑更低，所以国内开始研究采用该工艺。其基本流程是：把破碎细小颗粒的白云石加入炉内，炉内通入燃烧气体，整个炉内沸腾搅拌，各料层温度均匀，白云石高效分解；控制煅烧温度，使其无欠烧、过烧现象，煅烧时间为15min左右。白云石得到完全分解，白云石中$MgCO_3$分解温度为734~835℃，$CaCO_3$的分解温度为904~1200℃；白云石煅烧时加入CaF_2，以加速分解过程。白云石煅烧时间与煅烧温度和白云石的粒度大小有很大的关系，沸腾焙烧是高温快速煅烧。

在沸腾炉内白云石煅烧效果理想，投资少，沸腾炉煅烧白云石是一项值得推广的新技术，尤其适用于中、小规模镁厂。

2.2.3 竖式冷却器

经过回转窑煅烧的高温物料流入镶有耐火材料的竖式冷却器，冷却器内分为四个冷却出料区域，每个区域出料速度可根据料温单独控制。冷却器中均匀分布有中心风帽和分室冷却帽，风帽经管道与风机连接，堆积覆盖在风帽上的料层沿风帽母线向下洒落，并与经风帽各层气孔释出的冷空气逆向接触，完成热交换。冷却至80℃环境温度的物料在振动卸料机的作用下逐渐排出冷却器。被加热的空气直接由窑头罩进入回转窑，作为二次空气参与燃烧。冷却器没有运动部件，结构简单，冷却效果好，设备维修量少。

2.2.4 还原罐

在皮江法炼镁过程中，镁还原罐是其生产工艺中非常重要的关键部件，属易消耗部件。目前还原罐基本上是用高铬镍合金钢铸造成的，使用寿命较短，一般不超过 2~3 个月，罐的成本占每吨镁的价格的 25% 左右。镁还原罐的成本居高不下是冶炼镁厂家关切而无可奈何的难题，因此生产质量高、使用寿命较长的还原罐，对降低镁生产成本，提高企业经济效益有着非常重要的意义[24]。还原罐示意图如图 2.1 所示。

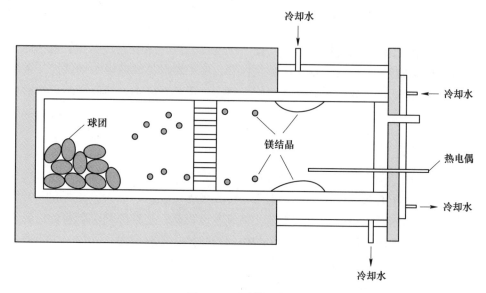

图 2.1　还原罐示意图

还原炉是硅热法炼镁的核心设备，能耗极大。传统还原炉是外热式火焰反射炉，还原炉内水平布置单排还原罐，还原罐尺寸有两种规格（ϕ339mm×33mm×2000mm 和 ϕ370mm×35mm×2000mm），每罐装球团料量 165~180kg，还原罐由耐热合金钢制成。球团料装于还原罐内在真空（小于 5Pa）、高温（1200℃）条件下发生还原反应。早期还原炉直接燃煤，人工司炉，还原煤耗指标约 8t 标煤/t 镁；也有采用热煤气为燃料，空气不预热，还原煤耗高达 10t 标煤/t 镁以上。

1998~2004 年，还原炉改单排装罐为双排装罐，采用金属间壁式换热器预热空气，空气预热温度约 450℃，还原煤耗指标降低到 6t 标煤/t 镁。同时还将预热空气后的烟气余热用于生产蒸汽，驱动射流真空泵，降低了真空耗电成本。2004~2010 年，蓄热式横罐镁还原炉逐步发展完善。蓄热式还原炉采用高温空气预热技术，可使用低热值燃料等清洁能源，同时可以充分回收烟气余热，大幅度节能降耗，减少污染排放，提高炉窑产量[25,26]。因此蓄热技术迅速在国内镁还原炉中推广应用，而且还原炉蓄热工艺的使用日趋成熟。蓄热式还原炉可将空气和燃料预热到接近炉膛的工作温度，炉内温度均匀，从而使炉内加热效率远远高于传统还原炉，其煤耗降低到3.35t标煤/t镁，而且结构较为合理的还原炉煤耗指标已降低到3.0~3.1t标煤/t镁。但相对于还原工序的理论能耗0.62t标煤/t镁，还原炉的能耗仍然较高[27]。蓄热式还原炉与传统还原炉技术指标和工艺参数对比见表2.1。

表2.1 蓄热式还原炉与传统还原炉技术指标和工艺参数对比

参数	传统还原炉	预热式还原炉
吨镁燃料消耗/t(以煤计算)	7	3
炉膛内温度/℃	1200~1270	1200~1220
料镁比	6.8	6.2
升温速度/min	60	30
周期/h	11	10.5
排烟温度/℃	900	<150
有害气体排放量/Bm³·h⁻¹	2500	极少量
空煤气预热温度/℃	无	1000

2011年，曲涛等人[28]将炼镁还原炉改为半连续真空感应还原炉，采用半连续加料系统，还原区域采用真空感应加热，还原渣从还原罐下部排出。此新型将反应容器和镁蒸气收集器分离，取代了传统的间断式的还原工艺，提高了产量，降低了能耗。

目前镁厂多采用卧式还原罐，卧式还原罐不能利用物料的重力作用进行自动装料，一般采用人工装料，也不能利用废渣的重力作用实现自动出渣，需人工掏渣。虽有部分企业实现了卧罐的自动掏渣，但掏渣设备故障率偏高，镁渣容易出现残留。引进竖罐技术后，把还原罐竖直放在炉膛内，加料和出渣都很方便，较容易实现自动加料和自动出渣，有利于生产的智能化和自动化，还能够减少人工掏渣成本[22]。

2010年以后，一些企业及科研院所针对还原炉的节能降耗进行了大量的研究开发工作，机械化清渣机、竖式炼镁还原炉及复式炼镁还原炉等技术相继在镁行业进行了开发及试验，并取得了良好的节能减排效果。

为了减少还原炉操作时间，降低无效热损失，减轻工人劳动强度，一些镁冶炼企业及科研院所针对横罐还原炉设计开发了机械化清渣机，主要有螺旋清渣机及气力清渣机两种形式。在清渣机使用过程中，由于横罐还原炉单罐产量低、罐体数量多，罐体长度近3m（高温段长2m，真空段长近1m）、高温下罐体变形、罐内物料粘罐结釉等问题，导致机械化清渣机操作难度大、故障率较高，且水平放置的还原罐较难解决机械化加料问题，因此无法完全实现机械化操作，为此镁行业开始研发将还原罐竖放的竖式炼镁还原炉。

竖罐炼镁技术是将罐体竖立于炉膛内放置，竖式炼镁还原炉相比横罐还原炉具有如下优点[29]：

（1）提高单罐产镁量。竖式还原罐内原料填充均匀、充实，料球与还原罐内壁接触，使之受热均匀，同时罐内分布更均匀的温度场，有利于还原反应的进行。

（2）缩短还原生产周期。在重力作用下，实现料球及粗镁的转运和渣料的自动排放，缩短了还原生产辅助作业时间，减少了还原炉的无效热损失。

（3）加强还原渣余热利用。竖式还原罐的渣料在重力作用下自动排放到渣箱，通过换热装置回收高温渣余热，用于预热还原物料，实现渣料的余热利用。

（4）提高还原罐使用寿命。还原罐直立于加热炉体中，置放方向与重力方向一致，因而受力均匀，还原罐不宜变形；通过机械化加料、扒渣，并对物料进行预热，缓解了罐体表面温度的急剧变化，提高了还原罐的使用寿命。

（5）改善劳动条件。在取镁、加料及出渣等过程中实现机械化，改善了劳动条件，降低了劳动强度。经过几年的技术开发及生产实践，竖罐还原炉还原能耗可降低到 2.4~2.5t 标煤/t 镁。

尽管将还原罐竖起来，并未从根本上解决硅热法的传热效率低，还因竖罐"烟囱效应"而导致车间工作环境恶劣，但相比横罐还原炉，竖罐还原炉更有利于镁还原炉向大型化和机械化发展，更具研究推广应用价值。

其中，由郑州大学、西安交通大学等单位联合组成的镁基技术与材料研发团队研究开发的复式竖罐炼镁新技术：通过较为系统的热化学研究，修正、纠正和补充、完善了硅热法炼镁的相关基础理论。针对横罐硅热法和竖罐硅热法存在的问题，创新开发出以复式反应炉为核心装备，以结晶热蒸汽发生器、还原渣余热回收器等为关键设备的新型镁冶炼工艺——复式竖罐免精炼"两步法"镁冶炼新型技术工艺[29]。大型复式竖罐还原器由相互独立的结晶器、还原器、排渣器三部分紧密复合在一起，其纵向和径向均由结构完善、功能齐备的多个独立部件构成，形成复合式结构，每台复式竖罐产镁量达 800kg/d，使用寿命可达 300d 左右。复式竖罐还原炉由 50 台复式竖罐构成，加料、出渣、出镁全部机械化，烟风及燃料系统自平衡，运行自动化控制，还原炉实现了大型化和自动化。该技术已建成投产了 1.25×10^4t/a 的示范生产线，实际运行中，该技术工艺全厂综合能耗约 3t 标煤/t 镁，还原时间约 6h，仅为皮江法的 2/3；结晶器单台次出镁约 200kg，结晶镁纯度高于 99.8%，镁冶炼工艺实现了显著的技术进步[30]。

目前国际上最新炼镁还原技术应该是内热式电热法金属镁真空冶炼新技术。该项技术采用二次能源——电加热，从反应料内部加热，在避免燃料燃烧导致的污染问题的同时，可以提高还原温度，加速反应过程，缩短还原周期，提高热效率，降低能耗，同时可以增大炉容，提高单炉产量。该工艺不需要昂贵的金属还原罐，成本降低。另外可设计为自动加料和自动出料的连续式生产，大大减轻劳动强度[31]。

2.2.5 还原罐加热系统

我国大部分镁厂都是以煤为燃料，每生产 1t 镁要消耗 8～12t 优质煤，不仅造成能源和资源的浪费，而且排放出大量的废气，造成比较严重的环境污染。比较国内外先进炼镁企业使用清洁能源的效果可知，使用清洁能源是提高皮江法炼镁水平的有效途径。

炼镁的热还原反应采用微波加热来代替：微波加热技术不是通过热传导加热，而是通过高频电磁作用于物料中的极性分子，极性分子做剧烈的运动与碰撞，从而产生热量，加热物料。这种加热方法不存在加热不均匀的现象，而且开启、停止加热控制方便，可以通过调整频率来控制温度的高低。微波加热，能把热损耗降至最低。还原罐可以用微波反射型材料做成，尽量减少对微波的吸收。"与传统加热方式相比，微波加热具有效率高、加热均匀、清洁无污染、启动和停止加热迅速、便于控制以及甚至可以改善材料性能等显著优点[17]。"

现在推广微波加热技术进行镁的热还原反应还存在的主要困难是：一方面电力转化成微波的效率还有待提高，另一方面是大功率的电力转化微波设备还需要研制。目前微波加热技术虽然还未在镁冶炼领域得到应用，但是把微波加热技术应用于其他冶金技术已经获得突破[18]。

2.2.6 辅助设备

2.2.6.1 镁冶炼自动化设备

提高镁冶炼的自动化监控与过程控制水平，可优化工艺流程，提高镁冶炼的效率，节省企业开支，同时可有效减少工人暴露在有害工作环境的时间；另外我们研究的监控系统增加了余热利用和废气处理的环节，可以对余热利用的效果进行有效监控，可以确保排出的废气始终处于环保要求的范围之内。

皮江法工艺中提高机械化、自动化程度的主要手段有三个：一是采用微机配料、粉磨、制球封闭联动线；二是采用机械扒渣、清罐、加料、出镁设备；三是采用机械化连续浇铸。国外先进企业这三点都能做到，而目前国内先进性企业只能做到两点，大多数镁厂也就能做到一点甚至全都做不到，企业的机械化程度很低，亟须改进。

采用西门子 WINCC 组态软件实现镁冶炼全线实时自动化监控，采用西门子 S7-1200 或 1500 系列 PLC，对整个镁冶炼系统进行温度和逻辑的过程控制。在设计监控系统时，从以下几个方面进行了重点设计：

（1）煅烧工序余热利用，把高温废气用于预热原料或生产热水。废气的温度和余热利用后的废气温度，预热后的原料温度都用温度传感器进行测量并传入 PLC 用于集中实时监控。在传感器的选型上要根据所测温度的范围选择合适的传感器。原则上做到误差尽量小，价格经济实惠。如果高温废气用于生产热水，需要增加热水锅炉，可用西门子 WINCC+PLC 单独设计一套热水锅炉监控子系统，控制起来比较方便。

（2）废气处理。余热利用后的废气进行净化除尘时，需要确认其温度的高低，对较高温气体，须将其温度降至滤料能承受的温度以下，一般应控制在 120℃以下，可以使用布袋除尘。布袋除尘的冷却方式有强制风冷、水冷、自然风冷等，根据不同的冷却方式来确定控制方案。在这一环节要配有需要监控的各种有害气体的浓度传感器，如果排放的有害气体含量在环保要求的范围之内正常排放。如果超标，需要发出警告信息，提醒生产人员采取措施干预，直至合格。

（3）还原炉炉温、炉压、排烟温度均能有效监控。炉温、排烟温度可通过镍铬—镍硅热电偶温度传感器进行测量，炉压通过测量炉内的真空度来确定。测得的数据通过 PLC 模拟量输入模块输入到 PLC 主机模块，PLC 主机 CPU 经过 PID 运算得到燃烧阀的开度信号和真空泵的转速控制信号，从而调节燃烧火焰的大小和保持炉内所需要的真空度[22]。

2.2.6.2　自动掏渣技术

目前，在陕西府谷金属镁厂大多采用人工掏渣，掏渣工人所处的环境比较恶劣。长期的粉尘、高温环境严重伤害了工人的身体健康，从事掏渣的人越来越少，工资也是越涨越高。还有些镁厂采用铲车掏渣，效率提高不少，也减少了工人的体力支出。但铲车司机仍然处于粉尘、高温环境，不利于身体健康。谭宇浩等人[32]发明了一种皮江法炼镁无尘自动扒渣机。该机能够自动无尘扒渣，提高了生产效率，而且设有炉渣手机装置，便于炉渣的二次利用。其中，梁小平等人[33]发明了一种皮江法炼镁用装料装置，该装置在横向移动的小车上安装有纵向移动小车，在纵向移动小车上安装有螺旋出渣或气流出渣装置，纵向移动小车相对于横向运动小车可升降。此装置装料效率高，可有效地降低炼镁行业的生产成本和工人的劳动强度。

参 考 文 献

[1] 邓军平，沈晶鑫，王晓刚，等．内热式金属镁冶炼真空炉温度机理研究［A］.2007 高技术新材料产业发展研讨会暨《材料导报》编委会年会论文集，2007.

[2] 孙晓思．金属镁生产工艺概述［J］.山西冶金，2011（3）：1-4.

[3] 李娟，王菊，张弼，等．皮江法炼镁行业清洁生产指标体系建立［J］.环境科学与技术，2009，32（8）：176-178.

[4] 刘金平，杨雪春，谢水生．皮江法炼镁技术的缺陷及改进途径［J］.冶金能源，2005，24（5）：21-23.

[5] 贾庚荣．皮江法炼镁煅烧白云石技术综述［J］.轻金属，1999（10）：36-38.

[6] 余凯，冯俊小，孙志斌．皮江法炼镁白云石煅烧工业炉窑进展评述［J］.工业炉，2006，（6）：16-19.

[7] 罗琨．套筒式竖窑工艺特点及其相关工艺配置［J］.武钢技术，2002，（1）：51-55.

[8] 程奇伯，冯俊小，孙志斌．新型蓄热式镁还原炉内流场的数值模拟［J］.工业加热，2006，35（6）：14-15，36.

[9] 李娟．皮江法炼镁行业清洁生产指标体系建立及其评价方法研究［D］.长春：吉林大学，2008.

[10] 王旭涛．镁渣脱硫剂反应特性的实验研究［D］.太原：太原理工大学，2010.

[11] 王耀武，彭建平，狄跃忠．一种含铝炼镁还原剂的制备方法及使用方法：中国，CN 104789775［P］.2015-07.

[12] 冯乃祥，王耀武，彭建平，等．一种以镁硅合金为还原剂的真空炼镁方法：中国，CN 102864315 A［P］.2013-01-09.

[13] 韩凤兰，吴澜尔，杨奇星，等．一种皮江法炼镁工艺及部分替代萤石的含硼矿化剂：中国，CN 102776387 A［P］.2012-11-14.

[14] 韩凤兰，吴澜尔，杨奇星，等．一种皮江法炼镁工艺及以稀土氧化物为矿化剂的应用：中国，CN 102776388 A［P］.2012-11-14.

[15] 董家驭，王秀荣，王婧，等．皮江法炼镁工艺中的新型还原方法：中国，CN 102409185 A［P］.2012-04-11.

[16] 吴永．一种改良皮江法炼镁工艺：中国，CN 103602833 A［P］.2014-02-26.

[17] Minić D, Manasijević D, Dokić J, et al. Silicothermic reduction process in magnesium production［J］. Journal of Thermal Analysis and Calorimetry, 2008, 93（2）：411-415.

[18] 申明亮．电解法与皮江法炼镁的效益比较及分析［J］.有色冶金节能，2009，25（5）：6-15.

[19] Cherubini F, Raugei M, Ulgiati S. LCA of magnesium production technological overview and worldwide estimation of environmental burdens［J］. Resources, Conservation and Recycling, 2008, 52：1093-1100.

[20] Wang Y W, You J, Peng J P, et al. Production of magnesium by vacuum aluminothermic re-

duction with magnesium aluminate spinel as a by-product [J]. Journal of the Minerals Metals and Materials Society, 2016, 68 (6): 1728-1732.

[21] 左铁镛. 我国原镁工业发展循环经济的潜力与对策 [J]. 再生资源与循环经济, 2008, 1 (9): 1-6.

[22] 邵瑞. 皮江法炼镁的工艺现状及节能优化分析 [J]. 中国高新区, 2018 (10): 162-163.

[23] 章启军, 刘育鑫, 吴玉峰. 金属镁渣的回收利用现状 [J]. 再生资源与循环经济, 2011 (6): 30-32.

[24] 吉俊康, 朱广东. 用于生产金属镁的立式冷凝结晶器: 中国, CN 206538461 [P]. 2017-10-03.

[25] 梁冬梅, 陈瑞唐, 崔贵民, 等. 蓄热式镁还原炉节能技术探讨 [J]. 有色冶金节能, 2008 (2): 37-40.

[26] 夏德宏. 蓄热燃烧技术在镁冶炼工艺应用中的几个问题 [C]. 南京: 全国镁行业大会论文汇编, 2007, 41-46.

[27] 梁冬梅. 皮江法炼镁还原炉节能技术的现状与发展 [J]. 有色冶金节能, 2018, 10 (5): 15-19.

[28] 曲涛, 杨斌, 田阳, 等. 一种半连续真空感应加热镁还原炉: 中国, CN 201942729 U [P]. 2011-08-24.

[29] 何季麟, 张少军. 镁冶炼节能减排与发展潜力 [C]. 北京: 中国有色金属冶金第一届学术会议论文集, 2014.

[30] 梁冬梅. 皮江法炼镁还原炉节能技术的现状与发展 [J]. 有色冶金节能, 2018, 5: 15-19.

[31] 邓军平, 沈晶鑫, 王晓刚, 等. 内热式金属镁冶炼真空炉温度机理研究 [A]. 2007 高技术新材料产业发展研讨会暨《材料导报》编委会年会论文集, 2007.

[32] 谭宇浩, 曹占义, 刘利萍. 皮江法炼镁无尘自动扒渣机: 中国, CN 105571330 A [P]. 2016-01-11.

[33] 梁小平, 梁小军. 皮江法炼镁用装料装置: 中国, CN 104195353 A [P]. 2014-12-10.

3 皮江法炼镁还原渣

3.1 镁还原渣组分与物相

3.1.1 镁渣的产生

皮江法金属镁冶炼的原料球团在还原罐中高温下反应，白云石中的镁变成蒸气逸出，镁蒸气在真空作用下到达还原罐水循环冷却段凝结成粗镁锭。反应结束后打开还原罐的出料端，取出镁锭和钾钠结晶器，然后人工或者半机械化除渣。高温下基本保持球团颗粒形状的炽热渣料，在排渣过程中自然冷却粉化，呈粉末状，外观为灰白色，其中夹杂着没有完全粉化的颗粒，人工运送至渣场继续冷却。有时为了加速冷却，在渣上淋水，更加剧了镁渣的粉尘飞扬，皮江法镁冶炼出渣和渣场现状如图 3.1 所示。

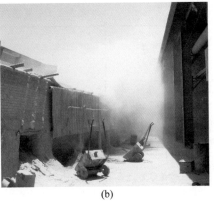

(a)　　　　　　　　　　　(b)

图 3.1　宁夏惠冶镁业红果子厂区（2009 年）

（a）出渣；（b）渣场

露天堆放的镁渣，经过自然分解，基本呈微细粉末状。用激光粒度测试仪（Microtrac X-100）检测其粒径，得到如图 3.2 所示的粒度分布图，图中样品成分见表 3.1。从图 3.2 可以看出，堆放一定时间的镁渣，粒径大小均在 200μm 以下，其中，1~10μm 约占 40%，造成有害飘尘的正是这些微小颗粒。

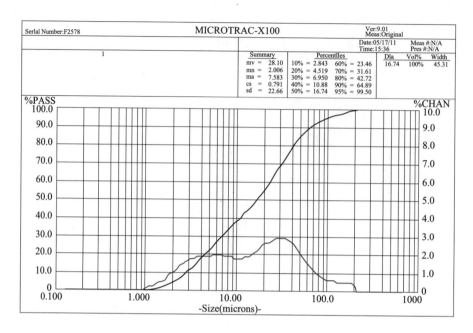

图 3.2　宁夏惠冶镁业镁渣粒度图

表 3.1　宁夏惠冶镁业红果子厂区镁渣主要组分

镁渣	组分（质量分数）/%			CaO/SiO₂
	SiO₂	CaO	MgO	
镁渣 1 号	29.37	51.73	6.41	1.76
镁渣 2 号	32.6	43.98	4.62	1.35
镁渣 3 号	31.33	45.03	4.67	1.44
镁渣 4 号	38.6	54.85	3.21	1.42
平均含量	32.98	48.9	4.73	1.48

3.1.2　镁渣的组分与物相

镁渣的主要化学成分是硅酸钙、氧化硅、氧化钙以及氧化镁等。在宁夏惠冶镁业集团有限公司的渣场随意取样检测结果见表 3.1 和表 3.2。

表 3.2 惠冶镁业府谷厂区镁渣组分

组分（质量分数）/%								CaO/SiO₂
MgO	CaO	SiO₂	P₂O₅	Fe	Al	Mn	Na	
5.12	42.35	26.78	0.061	3.85	0.604	0.061	0.979	1.58

宁夏太阳镁业镁渣组分检测结果见表 3.3。

表 3.3 宁夏太阳镁业镁渣组分

组分（质量分数）/%									CaO/SiO₂
CaO	SiO₂	Al₂O₃	Fe₂O₃	MgO	K₂O	Na₂O	SO₃	TiO₂	
46.13	26.54	1.53	5.94	11.82	0.11	0.09	0.48	0.01	1.74

不同生产批次，不同原料来源，镁渣的组分数据均有差异。MgO 的含量大小反映了还原反应是否充分，直接和产品得率、反应加热时间密切相关。而加热时间又与生产周期、能源消耗、生产成本紧密联系，须综合考虑，一般认为控制在 5% 以下较好。太阳镁业的镁渣取样样品中 MgO 数据明显偏高，具体原因不详。

镁渣的物相较复杂，与原料、生产工艺细节相关，但主要物相是硅酸二钙。宁夏惠冶镁业红果子厂区的镁渣 XRD 图谱如图 3.3 所示，宁夏太阳镁业的镁渣 X 衍射图谱如图 3.4 所示。

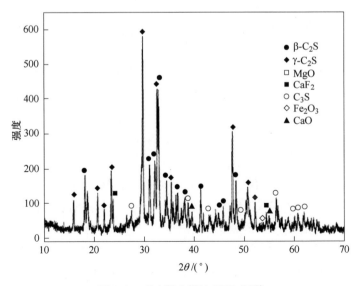

图 3.3 惠冶镁业镁渣 XRD 图谱

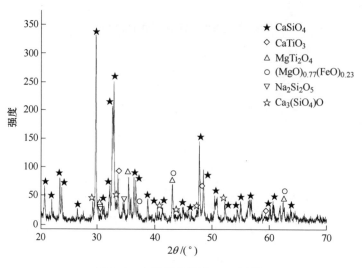

图 3.4　太阳镁业镁渣 XRD 图谱

3.2　镁渣中的主要有害组分

3.2.1　氟污染

皮江法炼镁需要用氟化钙（CaF）做矿化剂，一般添加量为原料总量的 2%～3%。氟化钙并不参与还原反应，只起促进反应进行的作用。镁冶炼还原反应结束后，氟化钙中的钙成为渣的组成部分，氟在高温下变成气相，在有水汽存在的情况下成为 HF 随真空排气管线排放大气，部分在还原罐的水冷段凝结成固体，残留在渣中。参考文献[1]以中国镁业协会数据为评价依据，对皮江法金属镁冶炼产生的污染物排放进行了估算，金属镁生产，除了燃料消耗产生的污染以外，工艺过程中产生的污染物主要有 CO_2、SO_2、HF 和颗粒物（粉尘）。据该文献阐述，皮江法每生产 1t 金属镁，会产生 HF 24～34kg，颗粒物 85～110kg[1]。参考文献[2]根据缩小规模的中试皮江法炼镁还原反应（双还原罐，每罐可容纳 10kg 球团），实测了皮江法炼镁过程中氟的迁移，并且用热力学软件 FACTSAGE 进行了验证。排除实验误差，取平均值，可以看出 90%以上的原料中添加的氟成分，最终进入了镁渣中[2,3]。

中国是世界上最大的镁生产国家，2007 年我国原镁产量占世界总产量的 80%以上[4]。我国 2001～2007 年的镁产量及世界镁产量的对比如图 3.5 所示[4]。

目前，我国皮江法生产金属镁约占全国镁冶炼总量的 95%[5]，排出的镁渣，除少量循环利用外，绝大部分都作为废弃物丢掉。随着镁渣的大量堆积或填埋，镁渣中的有害物质会随着雨水的浸泡溶出，形成可溶性物质，流入江河湖泊对农作物和周围环境造成了极大的影响，严重危及人类的身体健康及农作物的生长。

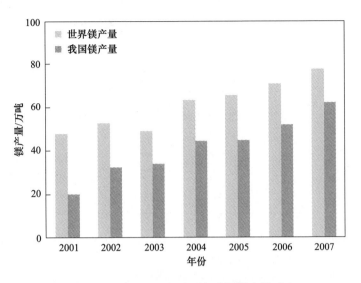

图 3.5　2001～2007 年我国与世界镁产量对比

《欧盟垃圾场废弃物填埋指导准则》（European Landfill Directive 1999/31/EC）对各种污染物排放浓度设定了固定排放标准值。如果废弃物中的污染物排放浓度超过了限值则禁止直接垃圾填埋，废弃物必须经过预处理。反之，如果废弃物中的污染物排放浓度低于标准限值，则认为此废弃物不会对环境造成很大危害，可以不必处理直接进行填埋。此标准中一些重要的元素排放限值见表 3.4。

表 3.4　《欧盟垃圾场废弃物填埋指导准则》中一些重要元素的固定排放标准限定值

元　素	Cr	Mo	Cu	Cd	F	Pb	Zn	Ni
限定值/mg·kg⁻¹	0.5	0.5	2.0	0.04	10.0	0.5	4.0	0.4

北方民族大学韩凤兰根据欧盟《废弃物表征浸出颗粒废弃物和污泥浸出一致性试验》（EN 12457—2）中的标准步骤对镁渣样品进行浸出实验，结果见表 3.5[6]。

表 3.5　宁夏惠冶镁业镁渣的欧盟标准浸出实验结果

元素	Ca	Mg	Na	K	F	S	Al	pH 值	电导率/μs·cm⁻¹
含量/mg·kg⁻¹	1970	0.9	18.7	16.8	72.9	30.4	84.3	13.4	1764
元素	Cr	Mo	Cu	Cd	Ni	Pb	Zn		
含量/mg·kg⁻¹	0.042	0.207	0.017	0.0005	0.005	0.002	0.047		

从表 3.5 的测试结果可以看出，皮江法镁渣中氟严重超标，不可以作为垃圾填埋，否则将带来严重后果。

同样，参照我国环境保护部颁发的《固体废物浸出毒性浸出方法硫酸硝酸法》（HJ/T 299—2007），对镁渣进行浸出实验，结果见表 3.6。

表 3.6　镁渣样品国标方法浸出实验结果

初始浸出液	pH 值为 6.9 的蒸馏水	pH 值为 3.2 的蒸馏水（经硫酸和硝酸调整）
浸出液中氟含量 /mg · kg^{-1}	139.0	139.5

我国国标 GB 5749—2006 中对饮用水质量安全所限定的氟排放最高浓度为 10mg/kg，镁渣浸出实验结果高达限定值的近 14 倍。综合以上实验结果，可以得出如下结论：皮江法炼镁镁渣中的氟含量无论按照欧盟标准，还是按照我国国标，均超出最高限定值数倍和十几倍。因此，未经处理的镁渣随意堆放或填埋，很容易造成氟化物从镁渣中浸出，对饮用水产生极大的威胁。

3.2.2　粉尘污染

反应结束后，自然冷却风化的镁渣中，含有大量 $1 \sim 10 \mu m$ 的微小颗粒，造成存放地点粉尘飞扬，既污染环境，又给收集、运输带来不便。粉尘对人体危害很大。坚硬并外形尖锐的粉尘可能引起人体呼吸道黏膜的机械损伤。长期吸入一定量的粉尘，粉尘在肺内逐渐沉积，使肺部产生进行性、弥漫性的纤维组织增多，出现呼吸机能疾病，称为尘肺。吸入一定量的二氧化硅粉尘，使肺组织硬化，发生硅肺。另外，以二氧化硫烟气为主的有毒粉尘成为影响我国空气环境的主要因素。我国国标工业场合粉尘许可标准中定义生产场合粉尘分为总粉尘和呼吸性粉尘。总粉尘定义为"可进入整个呼吸道（鼻咽和喉、胸腔支气管、细支气管和肺泡）的粉尘"，呼吸性粉尘指沉积在肺泡区的粉尘。英国医学研究会（BMRC）于 1952 年提出，空气动力学直径 $5 \mu m$ 颗粒沉积效率为 50%，空气动力学直径大于 $7.07 \mu m$ 粉尘沉积效率为 0。美国政府工业卫生学家会议（ACGIH）定义：空气动力学直径 $3.5 \mu m$ 粉尘颗粒沉积效率为 50%，空气动力学直径大于 $10 \mu m$ 粉尘沉积效率为 0。我国采用的呼吸性粉尘定义是 BMRC 的定义。直径大于 $10 \mu m$ 的粉尘颗粒一般可以在自重的作用下降落，小于 $10 \mu m$ 的微细粉尘颗粒在空中停留时间长，容易被人体吸入呼吸道，造成极大危害。镁渣中主要成分之一为 SiO_2、CaO。游离二氧化硅已经被国际癌症研究中心认定为人类肯定致癌物，含有这些物质的粉尘，可能引发呼吸系统或者其他部位的肿瘤。

3.3 目前镁渣综合利用现状

统计数据显示，2014年中国金属镁行业产量87.39万吨，2018年中国金属镁行业产量86.39万吨。

皮江法生产工艺每生产一吨金属镁，将产生7~8t还原渣。我国金属镁产业高速发展的同时，也伴随着镁渣的大量排放。由于技术、资金、重视程度、回报率多种因素的影响，目前我国镁渣的回收利用率较低，大量的镁渣仍然被堆积填埋，不仅占用大量的土地，也给周围环境造成了极大的影响，甚至严重危及人类的身体健康及动植物的生长，因此如何充分利用镁渣成为制约我国镁产业发展的一大主题。目前国内对镁渣的循环再利用主要集中在以下几个方面：作为脱硫剂使用；替代石灰做炼钢造渣剂；制备水泥熟料和作为水泥活性混合材；制备建材；制备肥料；制备地质聚合物等。

3.3.1 镁渣作为脱硫剂

随着我国经济建设的飞速发展，我国能源消费以煤炭资源为主的格局，在提高了生产力、创造巨额物质财富的同时，造成了大量的二氧化硫排放，给环境带来了巨大的压力。目前工业上比较成熟的脱硫剂是石灰石和白云石，其原理都是利用碱性氧化物或碳酸盐与二氧化硫发生反应，生成硫酸盐或亚硫酸盐，达到固硫的目的。镁渣中 CaO 含量（质量分数）高达40%~50%，是利用作为脱硫剂的有利条件。太原理工大学樊保国团队针对镁渣的脱硫性能开展了大量实验研究[8-15]，赵建立[16]、肖勇强等[17]均报道了相关研究，徐祥斌等用镁渣作为燃煤固硫剂，同时用钢铁厂铁水脱硫进行了工业化试验，发现当镁渣用作钢铁行业脱硫剂时，脱硫效率达到80%以上[18,19]。

3.3.2 镁渣制备水泥建材等

宁夏大学崔自治团队用掺入镁渣以及其他固废的方法制备镁渣混凝土开展了系列研究，研究了镁渣混凝土的强度、碳化特性和收缩机理等[20-22]。西安建筑科技大学陈冠君[23]、嵇鹰等[24]研究了镁渣制备可控膨胀性胶凝材料以及镁渣水泥胶凝材料的性能。重庆大学姬广祥研究了碱—镁渣免蒸压加气混凝土的制备与性能[25]，彭小芹等研究了镁渣砖的制备方法[26]。吉林建筑工程学院雒锋、肖立光等研究了镁渣配制胶凝材料的机理及镁渣墙体材料制备[27-30]。方仁玉等试验了镁渣取代石灰石煅烧水泥熟料，结果表明，15%镁渣取代石灰石，煅烧温度1450℃，时间30min，熟料的各项性能满足标准；机理分析表明，这与镁渣中含有较高的 CaO 和 SiO$_2$ 及主要矿物成分为 C$_2$S 有关[31]。北方民族大学韩凤兰教授用镁渣和电解锰渣制备硫铝酸盐水泥熟料，发现电解锰渣中含有二水石膏，镁渣中含有硅酸二钙，且主要化学成分为 Fe$_2$O$_3$、SiO$_2$、Al$_2$O$_3$、CaO，与硫酸酸盐水泥熟料的主要化学成分相符。根据计算确定生料中电解锰渣和镁渣的掺量可分别达到 21%，最佳的生料烧结温度为 1260℃，保温时间为 30min，此时烧结出的试样的矿物相主要为 C$_2$S、C$_4$A$_3$S。在制备出的水泥熟料中添加一定量的石膏，当添加量为 15% 时，放出的水化总热最多，力学性能最好，28 天的抗折强度为 5.1MPa，抗压强度为 31.2MPa[32,6]。田蕾利用镁渣与赤泥制备的新型陶瓷滤球作为吸附材料，将 TiO$_2$ 分别负载在镁渣陶瓷滤球和赤泥基生态陶瓷滤球上进行改性，进行了其对水质中砷的去除规律与机理的研究[33]。周少鹏以山西阳泉铝矾土、软锰矿粉及镁渣为原料制备圆柱形陶粒支撑剂材料，研究了陶粒支撑剂的成球与烧制工艺及相关性能[34]。

3.3.3　镁渣替代石灰做炼钢造渣剂

北方民族大学利用改质后的无氟镁渣，开展了部分替代炼钢造渣剂石灰石的研究。无氟改质镁渣来源于北方民族大学、钢研总院与宁夏企业合作承担的国际科技合作课题"镁渣综合处理与循环利用技术合作研究"中用稀土氧化物或硼酸盐替代氟化钙进行金属镁冶炼所获得的镁渣。钢研总院那贤昭等用改质的无氟镁渣进行炼钢造渣，先进行实验室小试，确认对模拟炼钢的成品质量无不良影响后，在宁夏钢厂进行了两个批次多炉生产性试验。最大无氟镁渣替代石灰的替代量达到 30%，对产品钢的质量没有影响[6]。

3.3.4　镁渣制备硅钙镁复合肥

山西大学李咏玲[35]研究了利用镁渣制备镁渣基缓释性硅钙钾复合肥。揭示出镁渣可溶性组分很少，镁渣中重金属含量符合有机—无机复混肥国家标准，放射性核素比活度、内照射指数与外照射指数达到 A 类装饰装修材料国家标准的放射性要求。镁渣中重金属的有效浸出量远低于毒性鉴别的最低限值，且镁渣中含有土壤和作物所需有益元素，环境安全性高，污染风险低，利用碳酸钾改性镁渣，可以制备新型缓释性硅钙钾复合肥。通过在玉米盆栽试验中的应用，验证了该肥可以改善玉米的农艺性状（株高与径粗），增加玉米的干物质和籽粒产量。且酸性土壤较碱性土壤更有利于复合肥中硅钾的有效释放。戈甜[36]研究了镁渣硅钾肥的肥力特性及农业环境风险评价。太原理工大学梁一然、毛嘉[37,38]也研究了镁渣制备硅钙镁复合肥的可行性与工艺流程。郑州大学王燕[39]研究了镁渣综合利用制备硅钙镁肥，结果表明：镁渣中的有害微量元素含量不高，均低于

GB 8173—87 中用肥对 Pb 和 Cd 的要求。其制备的硅钙镁肥，含有效硅的量（质量分数）为 20.34%；85%的细度通过 245μm 标准筛，含水量为 0.89%，符合国家硅肥标准。

3.3.5 循环利用的优势与技术难点

皮江法硅热还原镁渣主要化学成分中氧化钙含量（质量分数）为 40%～50%，二氧化硅 20%～30%，其余成分为未反应完全的氧化镁和氧化铁等，重金属很少基本无法检测到。在回收处理循环利用中不需要考虑重金属脱毒的问题，比较容易操作，这是镁渣综合利用的一大优势。但是，其存在以下缺点：

（1）镁渣颗粒细小，容易扬尘，运输不便，大宗利用有一个经济可行的有效半径距离。而金属镁冶炼厂往往建于原料矿山所在的偏远地区，距离经济发达的工业密集区较远，给循环利用带来难度。虽然技术上可以用加密、改质来改变镁渣的比重和外观形态，但大宗利用须首先考虑经济可行性，增加处理成本往往得不偿失。

（2）目前在国内镁渣利用的现状，除了填埋，利用较多的是取代石灰石制备水泥熟料，但是由于镁渣中残存（质量分数）3%～8%的氧化镁，在水泥制品的长期使用中，存在后期膨胀，引发制品失效的隐患。

（3）未经过处理镁渣中的氟化钙在露天存放和填埋时，容易产生反应，处理时遇高温转化[40,41]，存在氟污染扩散的危险，需要在进一步循环利用时给予高度重视。

参 考 文 献

[1] 高峰，聂祚仁，王志宏，等. 皮江法炼镁能源利用方案的环境影响 [J]. 北京工业大学学报，2008，34（6）：646-651.

[2] Laner Wu, et al. Fluoride Emissions from Pidgeon Process for Magnesium Production. In Proceedings of International Conference on Solid Waste Technology and Management，Mar. 11-14, 2012, Philadelphia, USA.

[3] Fenglan Han, Qixing Yang, Laner Wu, et al. Environmental Performance of Fluorite Used To Catalyze MgO Reduction In Pidgeon Process [J]. Advanced Materials Research, 2012, Vol: 577, 31-38.

[4] 张元源. 硅热法炼镁动力学分析及工艺优化 [D]. 长春：吉林大学，2013.

[5] S. Ramakrishnan, P. Koltun. Global warming impact of the magnesium produceng the Pidgeon

process [J]. Resources. Conservation and Recycling, 2004, Vol: 42, 49-64.

[6] 韩凤兰, 吴澜尔. 工业固废循环利用 [M]. 北京: 科学出版社, 2017.

[7] 中智博研研究院. 我国金属镁行业发展现状及投资战略研究报告 2018-2023 年. 2019.

[8] 樊保国, 段丽萍, 姬克丹, 等. 镁渣脱硫剂孔隙结构分形特性的研究 [J]. 工程热物理学报, 2015, 36 (3): 678-682.

[9] 樊保国, 杨靖, 刘军娥, 等. 镁渣脱硫剂的水合及添加剂改性研究 [J]. 热能动力工程, 2013, 28 (4): 415-419, 440-441.

[10] 韩飞, 贾里, 乔晓磊, 等. 镁渣晶体结构对脱硫活性影响实验 [J]. 化工进展, 2019, 38 (7): 3319-3325.

[11] 成志建, 韩飞, 冯乐, 等. 基于湿法脱硫的激冷水合镁渣脱硫性能研究 [J]. 锅炉技术, 2019, 50 (2): 1-5, 34.

[12] 姬克丹, 侯宇, 邓贺, 等. 激冷水合改性镁渣脱硫剂性能实验 [J]. 环境工程学报, 2016, 10 (12): 7235-7240.

[13] 段丽萍. 炽热镁渣激冷水合产物分形特征研究 [D]. 太原: 太原理工大学, 2015.

[14] 冯乐. 多种形态镁渣用于湿法脱硫的研究 [D]. 太原: 太原理工大学, 2018.

[15] 王旭涛. 镁渣脱硫剂反应特性的实验研究 [D]. 太原: 太原理工大学, 2010.

[16] 赵建立. 碱性工业废渣湿法脱硫消溶机理分析及脱硫性能研究 [D]. 山东: 山东大学, 2011.

[17] 肖勇强, 高亚萍, 杨洋, 等. 改质含镁渣环保脱硫剂的制备及其性能测试 [J]. 环境工程, 2018, 36 (11): 133-136.

[18] 徐祥斌. 皮江法炼镁冶炼渣用作燃煤固硫剂的试验研究 [D]. 赣州: 江西理工大学, 2011.

[19] 徐祥斌, 陈曜云, 余建文. 镁冶炼渣用于铁水脱硫工业试验研究 [J]. 轻金属, 2017 (1): 42-44.

[20] 崔自治, 李姗姗, 张程, 等. 镁渣复合掺合料混凝土的干燥收缩特性 [J]. 四川大学学报 (工程科学版), 2016, 48 (2): 207-212.

[21] 李峥. 镁渣混凝土的碳化特性研究 [D]. 银川: 宁夏大学, 2016.

[22] 崔自治, 周康, 李潇, 等. 镁渣细骨料混凝土的强度特性研究 [J]. 混凝土, 2013 (6): 67-69.

[23] 陈冠君. 镁渣制备可控膨胀性胶凝材料的研究 [D]. 西安: 西安建筑科技大学, 2015.

[24] 嵇鹰, 李亚芳, 杨康, 等. 急冷镁渣水泥胶凝材料的性能 [J]. 西安建筑科技大学学报 (自然科学版), 2017, 49 (2): 277-283.

[25] 彭小芹, 王开宇, 李静, 等. 镁渣的活性激发及镁渣砖制备 [J]. 重庆大学学报, 2013, 36 (3): 48-52, 58.

[26] 姬广祥. 碱—镁渣免蒸压加气混凝土的制备与性能研究 [D]. 重庆: 重庆大学, 2016.

[27] 雒锋. 少熟料镁渣胶凝材料的研究及应用 [D]. 长春: 吉林建筑工程学院, 2010.

[28] 肖力光, 雒锋, 黄秀霞. 利用镁渣配制胶凝材料的机理分析 [J]. 吉林建筑工程学院学

报，2009，26（5）：1-5.

[29] 肖力光，雒锋，王思宇，等．镁渣节能墙体材料的研究［J］．新型建筑材料，2011，38（7）：21-23.

[30] 肖力光，王思宇，雒锋．镁渣等工业废渣应用现状的研究及前景分析［J］．吉林建筑工程学院学报，2008（1）：1-7.

[31] 方仁玉，车蜀涛，郑江涛，等．镁渣配料煅烧水泥熟料的性能研究［J］．水泥，2014（11）：26-28.

[32] 赵世珍，韩凤兰，王亚光．电解锰渣—镁渣制备复合矿渣硫铝酸盐水泥熟料的研究［J］．硅酸盐通报，2017，36（5）：1766-1772，1776.

[33] 田蕾．镁渣、赤泥陶瓷滤球资源化利用去除废水中 As 试验研究［D］．武汉：武汉理工大学，2010.

[34] 周少鹏．添加镁渣制备陶粒支撑剂及其性能研究［D］．太原：太原科技大学，2014.

[35] 李咏玲．镁渣基缓释性硅钾肥的制备及性能研究［D］．太原：山西大学，2016.

[36] 戈甜．镁渣硅钾肥的肥力特性及农业环境风险评价［D］．太原：山西大学，2016.

[37] 梁一然．镁还原渣制备硅钙镁复合肥可行性及提高有效硅含量的研究［D］．太原：太原理工大学，2015.

[38] 毛嘉．镁还原渣制备硅钙镁复合肥工艺应用基础研究［D］．太原：太原理工大学，2016.

[39] 王燕．镁渣综合利用制备硅钙镁肥的研究与分析［D］．郑州：郑州大学，2012.

[40] Fenglan Han，et al．Fluoride Evaporation during Thermal Treatment of Waste Slag from Mg Production Using Pidgeon Process ［J］．Advanced Materials Research，2012，Vol：581-582，1044-1049.

[41] Laner wu，et al．Fluorine Vaporization and Leaching from Mg Slag Treated at Different Conditions ［J］．Advanced Materials Research，2013，Vol：753-755，88-94.

4 镁渣的无害化研究

<<<<<<<<<<<<<<<<<<<<<<<<<<<<<<<<<<<<<<<<<<<<<<<<<<<<<<<<<<<<<<<<<

4.1 镁渣的粉尘固化

4.1.1 镁渣细小粉尘产生机理

皮江法冶炼生产金属镁在还原反应结束，粗镁锭取出的同时，镁渣卸出还原罐，自然冷却至室温。金属镁熔炼温度为1200℃，镁渣在离开还原罐的时刻也具有1200℃的高温。刚离开还原罐的炽热的球团状镁渣出渣后运往渣场，在渣场经过冷却风化，变成细粉状镁渣。有时为了加速冷却，提高渣场的周转率，还往炽热的镁渣堆上浇水，加速降温。

多位科学家在研究钢渣中硅酸二钙物相转变时发现，硅酸二钙 Ca_2SiO_4（C_2S）存在五种晶体形态，即 $\alpha-$、α'_H-、α'_L-、$\beta-$ 和 $\gamma-C_2S$。其中，β 相为单斜晶系是高温稳定相，常温亚稳相，γ 相为正交晶系是常温稳定相。C_2S 从高温向较低温度变化过程中，会经历数次相变，其中在 675~490℃ 区间由 $\beta-C_2S$ 相转化为 $\gamma-C_2S$ 相时，会发生 12%~14% 的体积膨胀[1-3]。硅酸二钙相变演示图如图 4.1 所示[1]。镁渣的情况和钢渣类似，镁渣组分中占 70%~90% 的 CaO 和 SiO_2 在还原罐冶炼温度 1200℃ 下形成 β 相硅酸二钙（$\beta-C_2S$），出炉后自然缓慢冷却时，$\beta-C_2S$ 在 500~700℃ 范围转变为 $\gamma-C_2S$，伴随有体积膨胀发生，正是此相变膨胀，引起了镁渣的崩解粉化，使得球团状的镁渣变成了粉末。

4.1.2 镁渣的体积稳定

镁渣的体积稳定问题是影响再循环利用的重要因素。添加镁渣制备的建材如果后期膨胀开裂，将严重影响材料的使用，因此镁渣的体积稳定与钢渣的体积稳定一样，是循环利用时必须给予重视的问题。没有发生相变之前的镁渣，呈鸡蛋大小的球团状，具有一定的强度，收集、运输便利，如果替代石灰石用来作为炼钢的造渣剂，也方便投放。可是所有自然存放状态下的镁渣，均是粉末状的。容重轻，颗粒细小，容易扬尘，污染环境，也给回收利用带来不便。借鉴钢渣稳定性研究成果，镁渣的体积稳定可以通过两种途径来完成，一种是物理稳定方法，一种是化学稳定方法。

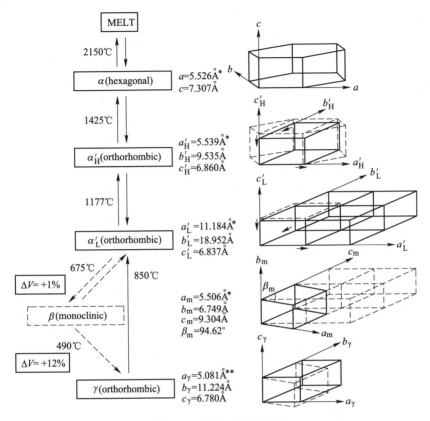

图 4.1 硅酸二钙相变图

4.1.2.1 物理法稳定硅酸二钙

物理法稳定镁渣中的硅酸二钙，是用风冷或水冷的方法，让高温状态下的 β-C_2S 快速降温，抑制其向 γ-C_2S 相转变，防止粉尘的发生。Chin Jong Chan 等人制备了纯硅酸二钙样品，然后进行了不同冷却条件下的硅酸二钙 β→γ 相转化的稳定问题研究[3]，得出结论：抑制 β-Ca_2SiO_4 向 γ-C_2S 相转变与硅酸二钙样品已经历的相变、冷却动力、非晶态相有关，并提出了相变临界颗粒尺度的假设。瑞典 luleá 科技大学杨启星等人进行了物理法稳定钢渣的研究，在实验室条件下有效地实现了钢渣的物理稳定[4,5]。安徽工业大学江海东等研究了快速风冷后的钢渣在 20 天期间中的时效变化[6]。南京林业大学朱光源对钢渣采取常温浸水处理，降低了钢渣的体积膨胀，并对浸水后钢渣混合料的强度进行了对比实验[7]。宁夏大学崔自治教授团队进行了镁渣膨胀性机理试验[8]。

本书作者团队对皮江法炼镁实验中产生的镁渣进行了风冷和水冷快速冷却实

验，观察到对镁渣的稳定效果明显。无论是针对钢渣还是针对镁渣的实验，物理法稳定硅酸二钙在实验条件下容易实现，但是在工业化生产现场，能源消耗，场地条件，难以满足大批量冶金渣持续稳定处理需要的条件。

4.1.2.2　化学法稳定硅酸二钙

化学法稳定硅酸二钙，采用添加少量含某些离子的化学药剂，形成固溶体进入硅酸二钙晶体，或存在于晶界处，抑制 $\beta\text{-}C_2S$ 向 $\gamma\text{-}C_2S$ 相转变，从而避免体积膨胀带来的镁渣的粉化，降低粉尘污染环境的危害。日本川崎钢铁公司采用含 P_2O_5、B_2O_3 的化学药品等进行了不锈钢渣稳定性研究，发现：

（1）用离子半径小于 Si^{4+} 或者离子半径大于 Ca^{2+} 的离子替代原来的 Si^{4+} 或 Ca^{2+} 离子。

（2）用 C/R（价/离子半径）比值小于2或大于9.5的离子替代可以稳定 $\beta\text{-}C_2S$[2]。如：

$$
\begin{array}{ccccc}
B^{3+} & & P^{5+} & & Si^{4+} \\
0.22 & < & 0.33 & < & 0.4\ (\text{Å}) \\
Ba^{2+} & & Sr^{2+} & & Ca^{2+} \\
1.36 & > & 1.16 & > & 0.99\ (\text{Å})
\end{array}
$$

德国学者 Jürgen Geiseler 2000 年在第六届世界熔渣会议上介绍了可以起到稳定硅酸二钙的系列元素离子（见图4.2）[9]。

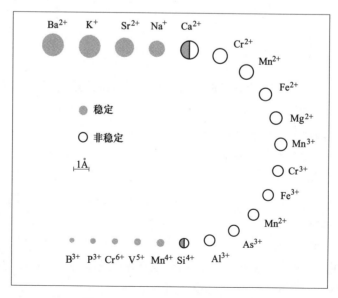

图 4.2　可以稳定硅酸二钙的离子

本书作者采用微量含 P、B 离子的化剂加入镁渣中，实验证明可以稳定镁渣（详见后面章节介绍）[10,11]。冯修吉[12]、张文生[13]、黄文[14]等国内学者对钢渣也做了类似研究，得出相似的结论。

4.1.3 抑制硅酸二钙相变的实验研究

本节详细介绍本书作者团队对抑制镁渣中硅酸二钙相变，从而降低镁渣粉化程度的实验研究。

4.1.3.1 磷掺杂实验

为解决硅酸二钙的稳定性问题，使镁渣保持块状，解决镁渣粉化造成环境污染以及在收集、存放、运输中的困难，同时增大具有胶凝活性的 β-C_2S 比例，有利于镁渣在建筑材料中的应用，采用市售磷酸盐化剂作为硅酸二钙的稳定剂进行了镁渣稳定试验[10]。

A 实验材料

实验镁渣采用宁夏惠冶镁业府谷厂区的镁渣，主要组分见表 4.1，粒度分布如图 4.3 所示。

表 4.1 磷掺杂实验镁渣组分表

组分	MgO	CaO	SiO_2	P_2O_5	Fe	Al	Mn	Na
含量（质量分数）/%	5.12	42.35	26.78	0.061	3.85	0.604	0.061	0.979
CaO/SiO_2	1.58							

磷酸盐稳定剂采用四会市飞来峰非金属矿物材料有限公司的工业级氟磷灰石，含磷（质量分数）17%；连云港西都生化有限公司的磷酸二氢钙（食品级），含磷（质量分数）22%；绵阳市神龙饲料有限公司磷酸二氢钙（饲料级），含磷（质量分数）22%。瑞典同类产品作了对比试验。稳定剂加入量为 0.5%~8%。

B 仪器设备

该实验所需要使用的主要仪器设备有 X 射线衍射仪（岛津 XRD-6000）、激光粒度分布仪（霍尼韦尔 Microtrac X-100）和紫外分光光度计（北京普析通用 TU-1810）。

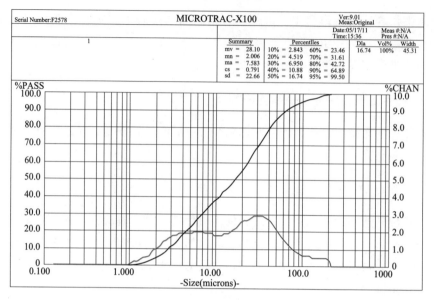

图 4.3 镁渣样品粒度分布

C 实验步骤

（1）镁渣放入振动磨样机粉碎 3min 后，过 380μm（40 目）筛，留筛下镁渣备用。

（2）在镁渣中分别加入磷酸盐试剂 [氟磷灰石、磷酸二氢钙（食品级）、磷酸二氢钙（饲料级）] 后搅拌均匀。

（3）将混合好的实验材料装填到钢制模具中，油压机 400MPa 压力下压制成 20mm×20mm 方块。

（4）将压制好的试样放到马弗炉中焙烧，加热至 1200℃，保温 6h 后断电自然冷却，开炉后观察现象。

（5）稳定剂加入量第一组分别为样品总重的 1%、2.5%、5%，第二组分别为 0.5%、2%、4%、8%。

D 结果分析

（1）形貌观察。第一组烧结后的样品形貌如图 4.4（a）所示，第二组样品形貌如图 4.4（b）所示。图中空白样为没有添加稳定剂的镁渣参照样。很明显，烧结后的所有镁渣样品在 1200℃下自然冷却，参照样品粉化严重，而添加稳定剂的所有样品保持完整外形，后放置一月仍然没有粉化。

（2）XRD 物相分析。稳定实验样品 XRD 图谱对照如图 4.5 所示。

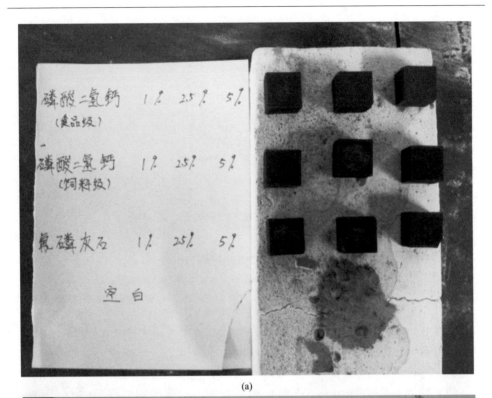

(a)

(b)

图 4.4 磷稳定实验样品形貌

(a) 第一组; (b) 第二组

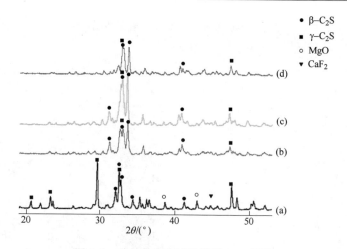

图 4.5　磷掺杂稳定试验样品 XRD 图谱

（a）对照空白镁渣；（b）掺有 5%食品级磷酸二氢钙的镁渣；

（c）掺有 5%饲料级磷酸二氢钙的镁渣；（d）含 5%（质量分数）氟磷灰石的镁渣

从 XRD 图谱可以看出，添加磷稳定剂的样品，相对于参照空白样，γ-C_2S 衍射峰明显减少。位于 $2\theta=30°$ 附近的强衍射峰干脆消失。三种磷稳定剂的稳定效果没有大的差别。

（3）图 4.6 是在 Factage 6.2 软件中，输入添加磷的实验样品组分，预测在 900～1200℃ 温度下磷的存在状态。从图中可以看出，添加的磷在高温下以磷酸根的形式与钙（氟）组成固体化合物。

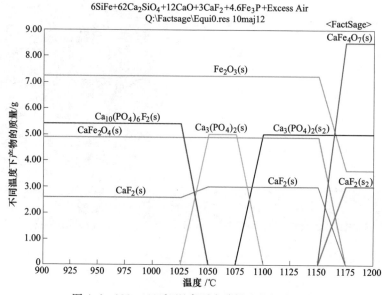

图 4.6　900～1200℃ 温度下含磷镁渣的行为预测

4.1.3.2 硼掺杂实验

硼掺杂实验是使用含硼化合物作为稳定剂对镁渣进行改性，来抑制镁渣粉化和扬尘，减少镁渣对环境的危害，改善渣场及周边的环境条件[15,16]。

A 实验材料

实验用镁渣同样取自宁夏惠冶镁业有限公司府谷厂区的皮江法炼镁还原渣。分别采用三种硼酸盐试剂作为稳定剂来考察防止镁渣粉化的效果。表4.2列举了三种硼酸盐试剂，即无水硼砂、G-Vitribore 25和硼酸的成分和含量。三者均为市售化工药品，分别简称为DB、GB和H1。DB和GB中的B_2O_3、Na_2O对于较高温度下硅酸二钙的多晶型物的化学稳定性也具有一定的作用，这两种硼酸盐也是许多工厂用于钢渣除尘的常用试剂。使用前将三种硼酸盐试剂均研磨成粉末，并过筛。表4.2是硼酸盐中氧化物含量及熔点。

表4.2 硼酸盐中氧化物含量及其熔点

硼酸盐	含量（质量分数）/%						熔点/℃
	CaO	SiO_2	B_2O_3	Na_2O	MgO	P_2O_5	
DB	—	—	69	30.8			742
GB	8.8	29.4	23.5	23.5	0.3	1.4	696
H1	—	—	56.5	—	—	—	169

B 实验样品制备

镁渣使用前要先进行干燥处理，干燥后的镁渣取30mg分别与上述三种硼酸化合物混合均匀。加入的硼酸盐化合物的含量（质量分数）为镁渣的0%~1%。油压机将混合物压制成40mm×40mm×6mm的四方坯块。将压制成型的坯块放置在马弗炉中，升温至1200℃。在这个温度下保持2~6h进行烧结试验。随后，烧结块随马弗炉自然冷却。取出样品，检验冷却后的镁渣样品来评价硼酸盐稳定剂的效果。

C 样品形貌与物相

图4.7是烧结条件为温度1200℃，保温5h的第1组样品形貌。图4.8是烧结温度1200℃，保温6h的第2组试验样品形貌。其中图4.8（a）为添加0.59%（质量分数）硼酸的镁渣样品；图4.8（b）为添加0.95%（质量分数）

(a)   (b)   (c)

图 4.7　硼化物稳定镁渣实验样品形貌 1 组

（a）没有添加物的参照样品；（b）添加 0.53%（质量分数）DB 的样品；

（c）添加 0.54%（质量分数）GB 的样品

硼酸的镁渣样品；图 4.8（c）为加入 0.34%（质量分数）DB 镁渣样品；图
4.8（d）为无添加剂的参照样品。和磷掺杂实验结果一样，没有添加稳定剂的
镁渣样品，冷却后粉化严重，试块分崩解析。而添加硼稳定剂的样品基本保持原
有的形貌。稳定剂之间相互对比，添加 DB-无水硼砂的稳定效果，不如 GB-G-Vi-
tribore 25 和硼酸的效果。尤其在第 2 组实验中，经过长时间的保温后冷却，添加
DB 稳定剂的样品出现了破损。

(a)   (b)   (c)   (d)

图 4.8　硼化物稳定镁渣实验样品形貌 2 组

（a）加入 0.59%（质量分数）的硼酸；（b）加入 0.95%（质量分数）的硼酸；

（c）加入 0.34%（质量分数）的 DB；（d）无添加剂的参照样品

　　利用 X 射线衍射仪（岛津 X-6000）对参照原始镁渣及加入硼化物的镁渣烧
结块进行物相分析，其 XRD 图谱如图 4.9 所示。

　　从图 4.9（a）参照样品 XRD 谱线中可以看出，γ-C_2S 是主要的物相，这也
是镁渣粉化的主要原因。氧化镁在样品中以次要相呈现；同时 β-C_2S 也是以次要

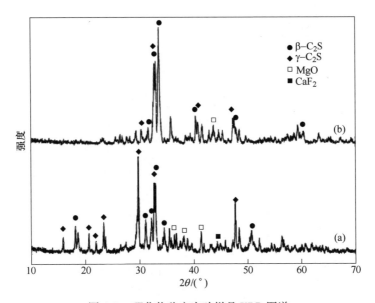

图 4.9 硼化物稳定实验样品 XRD 图谱

（a）参照样品；（b）添加 0.53%（质量分数）DB 样品

相被检测到，表明有少量的 β-硅酸二钙存在于粉化的镁渣中，非常少的 CaF_2 亦被检测到，因为其在冶炼原料中只占 2.5%~3%（质量分数）。由图 4.9（b）中可以看出，相比于参照镁渣样品的物相，加入 0.53%（质量分数）DB 烧结后镁渣样品中的 γ-C_2S 含量大幅减少，硅酸二钙主要以 β-C_2S 相态存在，表明加入的硼离子起到了抑制镁渣中由 β-C_2S 物相到 γ-C_2S 物相转变的作用。其中，MgO 的衍射峰减弱，可能是由于渣中部分自由 MgO 被稳定在固化相中。CaF_2 相没有被检测到。

与磷掺杂稳定实验结果相似，相对于未添加稳定剂的参照样品，添加硼酸盐稳定剂后，样品的 γ-C_2S 衍射峰明显减少，2θ 角在 30°附近的最强 γ-C_2S 衍射峰弱化，强度降低了很多。

D 收缩率及其影响因素

对添加不同含量硼酸的样品测试了其烧结后的体积收缩率。体积收缩率（Volume Shrinkage）等于（原始试样体积-烧结后试样体积)/原始试样体积。收缩率随着矿化剂含量变化如图 4.10 所示。图中正方形图标数据为保温 4h 后的收缩率，菱形数据是保温 6h 后的收缩率数据。

从图 4.10 中可以看出，随着硼酸添加量增加，试样的烧结收缩率总体趋势上呈直线递增，保温 4h 和保温 6h 的试样没有本质上的区别，尤其是在添加量达

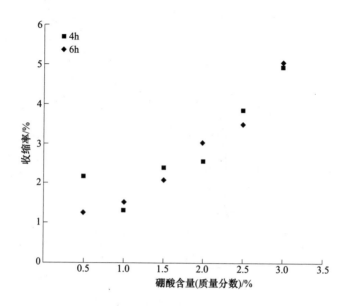

图 4.10   样品收缩率随硼酸盐添加量变化

到最大值 3% 时，不同保温时间的收缩率非常一致。

4.1.3.3   稀土氧化物掺杂实验

稀土氧化物掺杂实验分别采取 La_2O_3、Y_2O_3 和 Ce_2O_3 作为稳定剂。稀土氧化物采购于包头稀土研究院。稀土稳定剂的添加范围为 $0.05\% \sim 5\%$（质量分数），实验温度分别为 1100℃、1150℃、1200℃，保温时间分别为 $0.5 \sim 6h$，其他实验条件同前面磷、硼掺杂稳定实验。图 4.11~图 4.13 分别是氧化铈和氧化镧掺杂稳定实验效果照片。

图 4.11 为稳定剂是 Ce_2O_3，实验温度分别为 1200℃、1150℃、1100℃下保温 6h，稳定剂添加量从左到右逐渐增加的样品照片。从图中可以看出，稳定剂添加量增大，有利于镁渣的体积稳定；温度 1200℃下的样品致密程度最好，体积收缩率最大。作为对比，图 4.12 为保温时间 5h，温度为 1200℃时不同添加量氧化铈的镁渣样品。与保温时间 6h 对比，没有明显差异。从几组实验照片中都可以看出，最小添加量 0.5%（样品编号 1）显然不能满足稳定镁渣的要求。

图 4.13 采用氧化镧作为稳定剂，1200℃温度保温 5h。氧化镧添加量按照样品 1 号~9 号的顺序不断增加（从 $0.5\% \sim 3\%$）。从图 4.13 中可以清楚地看出，氧化镧稳定效果很好。但是考虑实际应用中的成本问题，没有进一步深入研究稀土氧化物稳定镁渣的机理。

图 4.11 氧化铈掺杂不同温度下稳定效果

(a) 1200℃；(b) 1150℃；(c) 1100℃

图 4.12 氧化铈掺杂保温时间效果

图 4.13 氧化镧掺杂实验效果

4.2　镁渣中氟组分的减量化

4.2.1　氟化钙对金属镁还原的催化效应

皮江法炼镁传统工艺硅热还原反应是在1200℃、负压的环境下，焙烧白云石用硅铁还原。氟化钙在硅热还原过程中只作为反应的催化剂，不参与反应，因此反应结束后，氟的成分就大部分遗留在渣中。

皮江法炼镁的化学反应式如下：

$$2CaO \cdot MgO(s) + (Fe)Si(s) \longrightarrow 2Mg(g) + Ca_2SiO_4(s) + Fe(s)$$

炼镁的主要原料为煅白（$CaO \cdot MgO$）、硅铁（$Fe)Si$ 和萤石（氟化钙，CaF_2）。工厂常用基本原料配方习惯用以下比例表示：

$$煅白：硅铁：萤石 = 100：20：3$$

换算为质量比为：

$$81.3：16.3：2.44（常用质量分数表示）$$

S. K. Barua（1981）等人[17]使用了图4.14所示的模拟实验装置，把炼镁料

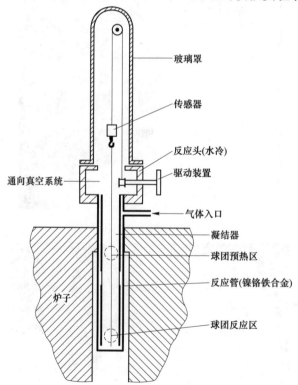

图4.14　炼镁动力学模拟实验装置

制成一个球团悬挂在石英线上以检测球团在反应过程中的失重，反应器内温度控制在 1070~1250℃，向反应器内通入 H_2 气（H_2 气流量 6L/min），使还原反应产生的 Mg 蒸气在 H_2 气流经过球团时进入 H_2 气，随 H_2 气流一道离开反应器，这就使得球团表面处的 Mg 蒸气压力与真空炼镁的压力相接近，满足了真空炼镁的热力学条件。S. K. Barua 等人除在试验中对球团的失重进行测量外，也在试验后对球团进行了分析和表征，通过理论计算，取得了炼镁动力学条件研究成果。本书作者团队进行的氟化钙催化硅热还原金属镁实验参照以上实验装置，详见如图4.15 所示。炼镁模拟实验中喷管将 N_2 直接吹入小坩埚中，以起到降低炼镁料表面镁蒸气分压的作用。如图 4.15 所示热电偶 T_1 埋在实验样品的中心部分，测量料温。热电偶 T_2 固定在炉腔内，测量炉温。

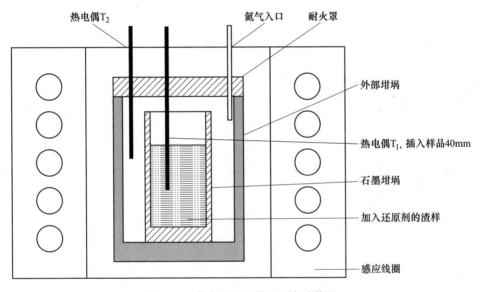

图 4.15 作者团队的镁还原实验装置

图 4.16 为实验条件下料温和炉温随时间变化的实测曲线。实验原料 350g，利用镁冶炼生产标准配方（含萤石），料内温度 T_1 用正方形标识，炉内温度 T_2 用圆形标识。参见图 4.16，在模拟实验的前 50min 的期间里，料内温度一直低于炉内温度。料温在 45min 时开始快速上升，在 50min 左右，料温赶上了炉温，并持续至实验结束。为了研究矿化剂对模拟炼镁实验料温的变化，用下式计算料内温度的变化率（即升温速率）：

$$升温速率 = \frac{\Delta T}{\Delta t} \qquad (4.1)$$

式中　ΔT——两相邻测点温度差值；

　　　Δt——测温间隔时间。

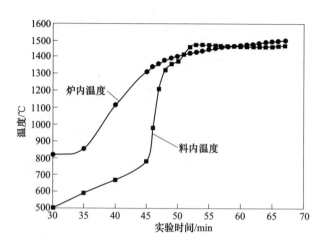

图 4.16 实验料温和炉温随时间的变化

含氟化钙矿化剂与不含氟化钙的炼镁试验料在模拟试验中的料温升温速率相对于炉温的变化如图 4.17 所示。图中 M1 为含氟化钙的镁冶炼生产标准配方试验料，U1 为不含氟化钙，其他组分与 M1 完全一致的试验料。

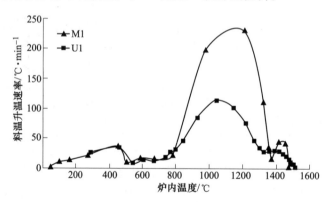

图 4.17 氟化钙对炼镁原料升温速率的影响

在 800℃ 以下的低温阶段，两种试验料的升温速率非常接近，不分上下。从炉温 800℃ 左右开始 M1 的升温速率大幅度的提高，升温速率在炉温 1200℃ 左右接近 250℃/min。原料升温速度与炼镁反应的速度紧密关联。硅铁在高温下熔化，液相的产生和流动使还原反应的动力学条件得到了极大的改善，加快了反应速度。有氟化钙和无氟化钙的试样料温速率都开始增加。但对比 M1 和 U1 曲线可以明显看出，含氟化钙的料温升温速率 M1 明显比不含氟化钙的料温速率 U1 要高 1 倍左右，说明添加萤石在提高炉料升温速率方面效果显著，从而提高了 MgO 的还原速度。实验结果证实了萤石作为矿化剂催化镁还原反应的效果十分明显。

4.2.2 模拟实际生产条件的炼镁中试实验

4.2.2.1 中试实验装置

为了尽量接近皮江法炼镁的实际工况，优化配方，开展模拟炼镁实验，将工业化生产皮江法炼镁还原罐，按照比例缩小，设计制造了两个完全一样的可分别容纳 10kg 原料的镁冶炼还原罐，并排放置于马弗炉中，进行温度控制。马弗炉的炉膛尺寸为：810mm×550mm×375mm，设备功率 25kW，升温速率可控，从室温加热到系统温度达到 1130℃，约需 2.5~3h。两级真空泵串联，保证还原罐内真空度达到 7~13Pa，可以达到镁冶炼的要求。还原罐选用耐热钢管焊接，一端密闭，一端焊接冷却水循环夹套。模拟工业化生产条件，建立了模拟皮江法生产的标准配方和实验配方同步对比实验装置。中试系统示意图和实物照片如图 4.18 所示，还原罐结构示意图与实物照片如图 4.19 所示。

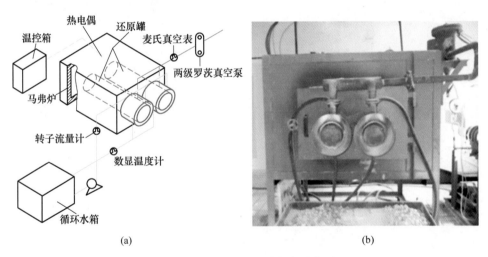

(a) (b)

图 4.18　皮江法炼镁模拟实验装置
（a）实验装置结构示意图；（b）实验装置实物照片

4.2.2.2 中试炼镁工艺流程

中试镁冶炼工艺流程仿照金属镁生产工艺如图 4.20 所示。模拟实验原料煅白、萤石、硅铁均取自宁夏惠冶镁业，粉碎到 150μm 左右，与不同矿化剂混合后压制成与生产用球团体积相似的块状物，然后装入纸袋，放入中试炉中做对比实验。

实验炉炼镁工艺过程为：先将炉温升到 1150℃，然后装料，左侧还原罐（A）装填镁冶炼生产标准配方作为实验参照样品，右侧还原罐（B）装填实

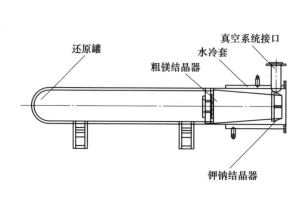

(a)　　　　　　　　　　　　　　　　　　(b)

图 4.19　中试炼镁实验装置中的还原罐

（a）还原罐结构示意图；（b）实物照片

图 4.20　镁冶炼中试实验工艺流程

验样品。装料结束后封闭罐口，启动一级真空泵运行，当真空度达到80Pa时，启动二级真空泵运行，直至真空度达到7~13Pa（参考镁冶炼生产参数）。电流65A，冷却水夹套流量每小时15~20L/h。待冶炼结束降温停电炉，最后停真空泵，打开炉口，取出镁结晶器，将镁渣取出，冷却到室温，用450μm（40目）的标准筛过筛计算镁渣的破碎率。整个冶炼过程还原温度为1195~1205℃，还原周期400min。需要说明的是因为还原罐的耐热钢金属壁内层在高温和氧化条件下脱落，有较小的一部分进入镁渣，影响镁渣重量成分计算结果的准确性。

4.2.2.3 球团成型方式对炼镁的影响

为保证原料在还原罐中反应完全，炼镁原料需压制成具有一定强度的椭球状，煤球大小的球团。球团过于松散，会在填料、反应过程中破碎，影响反应正常进行，过于致密则不利于镁蒸气的逸出。工业化生产须采用专门的干粉压球机制备原料球团。实验用料由于数量少，品种多，只能采用模具压制样品方块。为验证样品压制方式对粗镁得率的影响，采用两还原罐一边装填工厂压制的球团，一边装填同样重量实验室压制的同样组分的方块样品，在中试炉中一起冶炼，对比其各自的粗镁得率。表4.3为实验结果对比。

表4.3 样品成型方式对比实验

实验编号	原 料	粗镁产量/kg		备 注
		左还原罐	右还原罐	
1	—	—	—	空烧，设备系统运转正常
2		1.65	1.65	
3		1.85	1.85	
4	每罐装镁厂球团10kg	1.65	1.65	左右罐配方相同，样品均在惠冶镁业压球机上压制成型
5		1.85	1.85	
6		2.00	2.05	
7		1.20	1.30	
8		0.75	1.40	
9	右罐装镁厂球团10kg；左罐装实验压型块10kg	1.45	1.45	左右罐配方相同，右罐在惠冶成型，左罐在北方民族大学成型
10		1.60	1.70	
11		1.70	1.80	

由表 4.3 可以看出：

（1）空烧时实验中试设备的真空系统、冷却系统及加热系统正常（系统空烧共进行了 10 炉）。

（2）左右两罐装填内容一致时，产镁率几乎完全一致，说明实验系统左右两还原罐反应一致性良好。

（3）左右两罐分别装填镁厂生产用球团和实验压型块，原料配方一致时，实验压型样品粗镁得率略低于工厂球团料（第 8 组实验结果异常），误差小于10% 左右，实验样品压型方式可以模拟工业化炼镁的原料压制方式。

4.2.3　氟在炼镁过程中的迁移

金属镁硅热还原冶炼时需要添加 3% 左右的萤石作为镁还原的矿化剂，萤石中含 95% 的氟化钙（质量分数）。氟化钙中的氟并不与镁发生反应，只作为反应的促进剂。反应结束后随镁渣排出。高峰等人[18]曾认为在冶炼的高温下，氟变成气体，经真空系统抽出，排放到大气中。为了证实氟的去处，作者团队利用镁冶炼中试实验装置，专门进行了试验和探讨[19]。实验结果见表 4.4 和表 4.5。表4.5 的氟平衡表是采用表 4.4 中的实验数据计算得出。

表 4.4　氟在冶炼过程中的迁移痕迹

实验序号	冶炼原料/kg			产出物/kg			氟在产出物中的比例（质量分数）/%		
	焙烧白云石	硅铁	萤石	镁渣	粗镁锭	钾钠结晶物	镁渣	粗镁锭	钾钠结晶物
1	5.0	0.84	0.25	4.1	0.9	0.031	2.6	0.064	0.169
2	4.5	0.84	0.25	4.2	0.8	0.023	2.95	0.042	0.166
3	8.13	1.67	0.25	7.1	1.8	—	1.57	0.022	—
4	8.13	1.67	0.25	8.3	1.85	0.061	1.24	0.047	0.07

表 4.5　氟平衡表

实验序号		1	2	3	4
氟输入量/g	原料	115.7	115.7	115.7	115.7
氟输出量/g	镁渣	106.6	123.9①	111.5	102.9
	粗镁锭	0.58	0.34	0.4	0.87
	钾钠结晶物	0.05	0.04	—	0.04
	总和	107.2	124.3	111.9	103.8

续表 4.5

实验序号	1	2	3	4
原料中输入氟–产出物中总含氟/g	8.5	—	3.8	11.9
$\dfrac{产出物中总氟}{原料中含氟}$/%	92.68	—	96.69	89.74
$\dfrac{镁渣中氟含量}{原料中含氟量}$/%	92.13	—	96.34	88.95

注：①实验 2 中镁渣中含氟量大于输入量值可能由于检测误差造成。

　　从表 4.5 的氟平衡表可以看出，随原料添加进硅热反应系统的氟，反应终结后大部分在镁渣中被检测到。经分析，可能是如下原因：原料球团中的氟化钙在还原罐前部的温高下分解成气体，在真空动力的驱动下，向还原罐尾部运动。到达尾部的水循环冷却区时，随着温度的下降，又凝结成固体。由于氟并不参与反应，最终随镁还原渣一起排出。所以大部分的氟并不是随真空系统直接排放，而是以氟化合物固体形式存在于镁渣中。

　　图 4.21 是实验原料萤石中氟的计算值与镁渣样品中实测氟含量关系图。从图中可以看出，原料中氟含量与镁渣中氟含量成正比关系。

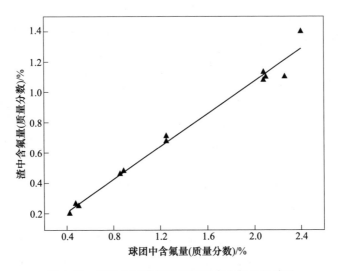

图 4.21　原料含氟量与对应镁渣中含氟量的关系

　　用 FactSageTM（FactSage 6.2）软件模拟计算炼镁过程中氟的迁移变化[19]。表 4.6 列出了模拟计算时投入原料的初始值（总量共 100g），各物料比例参照皮江法炼镁生产工艺。温度控制范围为 100~1200℃，压力为 10Pa。图 4.22 为

FACTSAGE 模拟炼镁过程物料随温度变化而变化，有的物相消失，新物相生成的示意图。表 4.7 为模拟温度 1200℃时部分生成物质的状态及含量。

表 4.6　模拟计算时原料的输入值

反应物	Si	Fe	CaO	MgO	CaF₂	Na₂O
质量/g	12	4	56.1	25.2	2.5	1

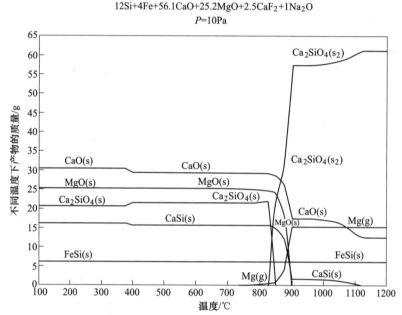

图 4.22　模拟炼镁过程物料随温度变化图

图 4.23 为利用 FACTSAGE 模拟计算的 950～1200℃内含氟产物的数据。

由图 4.23 模拟计算结果可知，1100～1200℃既有气相氟化物存在，又有固相氟化物存在。表 4.7 为由图 4.23 数据中导出的部分产物表。

表 4.7　模拟计算 1200℃时部分产物表

部分产物	CaF₂ （固体）	CaF （气体）	CaF₂ （气体）	Na （气体）	Mg （气体）
质量/g	1.4	0.57	0.71	0.74	15.2

根据上面模拟炼镁实验结果，可以推断皮江法炼镁生产厂家的还原渣中含有原料萤石中的大部分氟，此部分氟将随同还原渣一起排放。

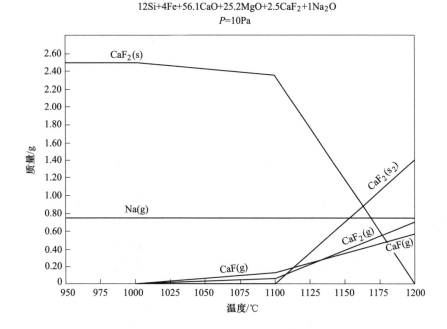

图 4.23　模拟计算 950~1200℃反应产物

4.2.4　渣中含氟成分对再利用的影响

2009 年，镁渣作为混合材纳入国家标准，可用于水泥的生产。镁渣中含有大量的硅酸盐矿物 C_2S，与其他原料一起烧制水泥熟料时不仅可以替代部分矿物原料，在水泥物料的煅烧过程中还能起到晶种的作用，降低晶体的成核势能，加速 C_3S 的形成，促进水泥熟料的烧成。镁渣中含有的 CaO、SiO_2 可以减少水泥生料配料中石灰石和黏土的用量，既减少了水泥原料生产开山挖石对自然生态的破坏，又减少了熟料煅烧过程中黏土脱水、$CaCO_3$ 分解等工艺过程的能耗，因此镁渣制备水泥熟料具有其他冶炼渣所没有的优势。但是，在水泥熟料烧制过程高温下，镁渣中的 CaF_2 将会变成气体挥发到大气中，造成二次污染，需要引起足够的重视。镁渣再利用如果需要高温处理，均需考虑同样的问题。

镁渣在循环利用时还需要注意氟化物的浸出问题。国标 GB 5749—2006 中对饮用水质量安全所限定的氟排放最高浓度为 10mg/kg，镁渣氟的浸出实验结果远远超过许可极限。镁渣处理时如果有废水排放，很容易造成氟化物从镁渣中浸出，对环境产生威胁，需要特别注意。

4.2.5　无氟矿化剂替代氟化钙炼镁实验

为了解决镁渣粉化和氟污染的问题，开展了无氟矿化剂替代氟化钙的炼镁中试实验研究。实验分为两大部分：实验一为硼化物替代炼镁实验；实验二为稀土氧化物替代炼镁实验。

实验材料选用宁夏惠冶镁业集团有限公司的生产用原料，主要有焙烧白云石、硅铁和萤石，以及替代萤石的硼化物、稀土氧化物等。白云石中含 MgO（质量分数）31%，硅铁中含硅（质量分数）75%，萤石中含 CaF_2（质量分数）95%。硼化物根据稳定实验结果选择工业级硼酸，硼酸（H_4BO_3）含量（质量分数）不小于 99.6%；硫酸盐含量（质量分数）不大于 0.08%。稀土氧化物为氧化铈（CeO_2）、氧化镧（La_2O_3）、氧化钇（Y_2O_3）、氧化铽（Tb_2O_3），均购于包头稀土研究院。

实验设备采用 4.2.2.1 节中介绍的中试实验装置，两只并列还原罐中一只设定为对照组 A，炼镁原料完全按照生产配方，萤石为矿化剂。另一只设为实验组 B，使用含硼化合物全部或部分替代萤石作为矿化剂，其余原料与 A 组相同。两罐处于同样的实验条件下，加温速率、炼镁温度、真空度完全一致。

4.2.5.1　实验一：硼化物替代炼镁实验

硼化物替代炼镁实验，选择硼酸为典型硼化物进行实验，该实验分为实验 a——硼酸全部替代萤石和实验 b——硼酸部分替代萤石。实验 a 中各还原罐白云石和硅铁的加入量均分别为 8.13kg 和 1.67kg。对照组萤石加入量为 0.25kg，实验组不加萤石，只加不同数量的硼酸。硼酸添加量与粗镁比率变化如图 4.24 所示，图中横坐标为实验组硼酸添加量相对于对照组萤石添加量的百分比。粗镁比率的计算公式为：

$$粗镁比率 = \frac{实验组粗镁产量}{对照组粗镁产量} \times 100\% \qquad (4.2)$$

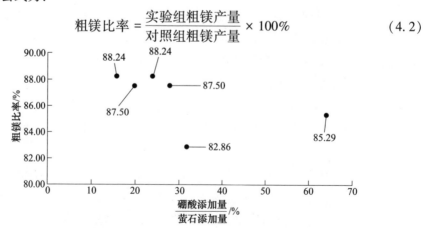

图 4.24　硼酸完全替代萤石炼镁实验结果

从图 4.24 可以看出，用硼酸完全替代萤石没能达到萤石矿化剂炼镁的效果。硼酸添加量在 40~70g（硼酸添加量/对照组萤石添加量 16%~28%）时，粗镁比率在 87%~88% 徘徊。继续增大硼酸的添加量，粗镁比率反而下降。最大添加量 160g（64%）时，粗镁比率也只有 85% 左右，各对照组用萤石做矿化剂炼镁所得到的粗镁产量均高于硼酸实验组的粗镁产量。为防止矿化剂硼酸影响镁冶炼粗镁产品品质，使用 X 射线衍射仪对所有实验粗镁产品进行了元素分析，精密氟度计（氟离子选择电极）检测样品中的氟含量。检测结果证明实验粗镁样品品质优良，符合金属镁冶炼产品标准。

实验 b 各还原罐同样采用相同的白云石和硅铁量（为方便实验进行，原料数量按比例减少，各物料间的比例不变），对照组仍然遵照现行的生产配方，用萤石作为炼镁矿化剂。与实验 a 不同的地方是实验组在添加硼酸的同时，也添加少量的萤石，达到减少萤石用量，减少氟污染，又能促进炼镁正常进行的目的。实验数据见表 4.8。

表 4.8　硼酸部分替代萤石炼镁实验数据

实验序列		矿化剂在原料总质量中的比例/%			镁渣筛上率/%	对照组粗镁得率/%	粗镁比率/%
		萤石	硼酸	合计			
B1	对照组	2.1	0	2.1	44	11.74	—
	实验组	0.85	0.42	1.27	76	—	100
B2	对照组	2.13	0	2.13	60	13.6	—
	实验组	0.86	0.69	1.55	92	—	87.5
B3	对照组	2.1	0	2.1	80	14.2	—
	实验组	0.43	0.39	0.82	92	—	100
B4	对照组	2.4	0	2.4	60	16.5	—
	实验组	0.49	0.24	0.73	76	—	108
B5	对照组	2.49	0	2.49	28	11.5	—
	实验组	0.51	0.25	0.76	88	—	116.7
B6	对照组	2.46	0	2.46	52	11.9	—
	实验组	0.5	0.21	0.71	89	—	100
B7	对照组	2.46	0	2.46	60	12.8	—
	实验组	0.5	0.50	1.00	84	—	96.0

续表 4.8

实验序列		矿化剂在原料总质量中的比例/%			镁渣筛上率 /%	对照组粗镁得率/%	粗镁比率 /%
		萤石	硼酸	合计			
B8	对照组	2.46	0	2.46	52	15.4	—
	实验组	0.5	0.50	1.00	80	—	92.3
B9	对照组	2.46	0	2.46	52	16.0	—
	实验组	0.5	0.60	1.10	89	—	100

从表 4.8 的数据中可以清楚地看出，部分硼酸替代萤石中试炼镁实验获得了较好的效果。2/3 实验组的粗镁产量，等于或大于同样条件下对照组萤石做矿化剂的炼镁产量。实验组的萤石添加量只是对照组的 20% 左右（除 B1、B2 组以外），加上硼酸，总矿化剂用量也少于对照组萤石矿化剂用量。矿化剂中萤石用量的减少，直接减少了镁渣中的氟排放，减缓了环境污染的压力。

镁渣筛上率，是指将镁渣过 $450\mu m$（40 目）筛，留在筛子上面的镁渣质量与镁渣总体质量的比值称为筛上率。筛上率是考查镁渣是否粉化的数值依据。表 4.8 中所有对照组的筛上率，均小于实验组的相应数值，这说明实验组的镁渣具有更好的体积稳定性。图 4.25 是对照组和硼化物实验组镁渣放置一段时间后的照片，其中图 4.25（a）镁渣已经完全粉化；图 4.25（b）镁渣保持块状。

(a)   (b)

图 4.25　硼酸实验炼镁镁渣样品

(a) 对照组；(b) 实验组

4.2.5.2　实验二：稀土氧化物替代炼镁实验

稀土氧化物替代炼镁实验，炼镁原料同实验一完全相同，矿化剂选择不同含量的稀土氧化物［氧化铈（CeO_2）、氧化镧（La_2O_3）、氧化钕（Nd_2O_3）、氧化钇（Y_2O_3）、氧化铽（Tb_2O_3）］作为萤石替代物进行试验。实验过程同前。实验结果发现，稀土氧化物作为炼镁的矿化剂，粗镁得率与粗镁质量不但均不逊于萤石矿化剂，而且镁渣体积稳定，不发生粉化。几种稀土氧化物炼镁实验的粗镁比率如图 4.26 所示。图中 Ce 代表 CeO_2，La 代表 La_2O_3，Nd 代表 Nd_2O_3，Y 代表 Y_2O_3，Tb 代表 Tb_2O_3。横坐标矿化剂用量指所加入的稀土矿化剂占原料总质量的百分比。

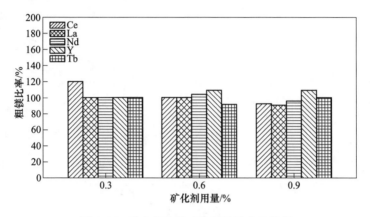

图 4.26 稀土氧化物矿化剂炼镁实验数据

从图 4.26 可以看出，当稀土矿化剂加入量为原料总质量的 0.3% 时，四种稀土氧化物的粗镁得率与对照组萤石矿化剂炼镁得率完全一致，比率均为 100%。而 Ce_2O_3 作为炼镁矿化剂尤其突出，粗镁比率为 120%。此时对照组萤石的用量为原料总质量的 2.5%，是稀土矿化剂的 8 倍多。在矿化剂加入量为 0.6% 时，Nd_2O_3 和 Y_2O_3 显示出较大的优势，其对应粗镁得率分别为 105% 和 109%，除了 Tb_2O_3 比率只有 92% 以外，其余稀土氧化物的粗镁比率也达到 100%。在矿化剂加入量为 0.9% 时，Y_2O_3 仍保持较好的表现，粗镁比率为 109%，其余稀土氧化物则反而不如萤石矿化剂参照组的粗镁得率。在稀土氧化物替代萤石做矿化剂的炼镁实验中，镁渣的筛上率与硼化物实验的结果一致，即稀土矿化剂镁渣显示出良好的体积稳定性，而萤石为矿化剂的参照样品，镁渣出炉即粉化。

尽管多种稀土氧化物作为炼镁的矿化剂实验效果均很好，但由于昂贵的价格，将其用于规模化生产是不实际的。氧化铈 CeO_2 是光学玻璃抛光用的磨料，CeO_2 抛光剂回收废料中仍然含有较多稀土氧化物成分。从节约原料成本、工业副产物循环利用的角度出发，用氧化铈抛光剂回收物作为替代萤石的炼镁矿化剂，具有诱人的前景。下面将详细介绍氧化铈抛光剂回收料替代萤石的炼镁实验。

4.2.5.3　氧化铈回收物替代萤石炼镁实验

炼镁原料白云石、硅铁来源同前面实验。实验组矿化剂采用氧化铈抛光剂回收物（由赣州金成源新材料有限公司提供），对照组矿化剂为萤石。氧化铈抛光剂回收物用 C2 表示。物相分析可知 C2 中稀土氧化物含量（质量分数）为 32.58%、Al_2O_3 为 31%、SiO_2 为 18%、MgO 为 5.73%，F 为 4.57%，CaO 为 3.97%。XRD 数据和粒度分布测试结果如图 4.27 所示。

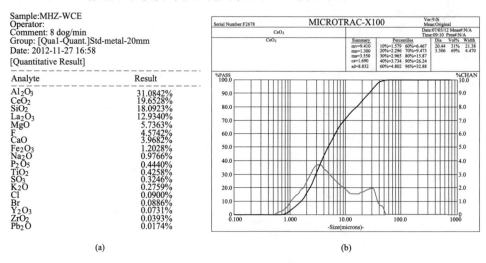

(a)　　　　　　　　　　　　　　(b)

图 4.27　氧化铈抛光剂回收物 C2 物相与粒度表征

（a）C2 的物相分析 XRD 数据；（b）C2 的粒度分布

氧化铈抛光剂回收物 C2 替代萤石炼镁实验结果数据如图 4.28 所示。图中横坐标为实验组 C2 加入量与对照组萤石加入量之比，纵坐标为同一组炼镁，实验组粗镁得率与对照组粗镁得率之比。

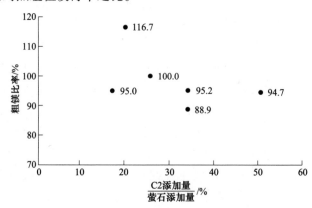

图 4.28　氧化铈回收物炼镁实验结果

将图 4.28 C2 替代萤石炼镁实验结果与图 4.24 硼酸替代萤石炼镁实验结果做对比，可以看出，C2 作为炼镁的矿化剂，效果好于硼酸。且有两组数据达到或超过萤石的矿化效果，同时矿化剂用量只有萤石的 20%~25%。只是在工业化应用时，C2 的稳定供货来源需进一步落实。

氧化铈抛光剂回收物作为炼镁矿化剂实验的粗镁形貌，如图 4.29 所示。

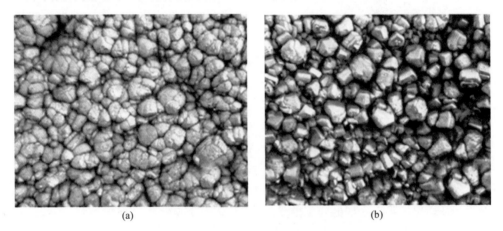

(a)　　　　　　　　　　　　　　(b)

图 4.29　C2 替代萤石炼镁所产粗镁形貌

(a) A 组：对照组；(b) B 组：C2 实验组

图 4.30 为不同 C2 加入量炼镁镁渣的 XRD 图谱。对照组 A 的配方中萤石占全部原料质量的百分比均为 2%，实验组 B3、B5、B6 中 C2 占原料质量的百分比

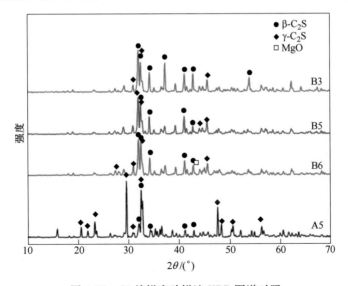

图 4.30　C2 炼镁实验镁渣 XRD 图谱对照

分别为 1.01%、0.68% 和 0.51%。从对照组 A5 与实验组 B6、B5、B3 的 XRD 物相分析对比来看，实验组的 γ-C$_2$S 最强特征峰降低幅度很大，部分特征峰消失。β-C$_2$S 特征峰明显增强。说明氧化铈废料做矿化剂，镁渣中 γ-C$_2$S 含量减少而 β-C$_2$S 的含量相应增加。B3 实验组氧化铈废料的添加量为最高的 1.01%，约为对照组萤石的一半，相应的镁渣中 β-C$_2$S 的含量也最高，镁渣样品的稳定性也最好。

综上所述，中试炼镁实验证实了，用氧化铈废料做矿化剂和用萤石做矿化剂所得粗镁产量和质量基本相同。氧化铈废料添加量在炼镁原料总质量的 0.5%~1.0% 变化，对粗镁产量影响不明显，但是对镁渣的稳定性有很大的影响，添加量在 0.5% 以下时镁渣易碎，添加量在 0.7% 及以上时，镁渣稳定性能良好。从 XRD 图中，可以看到用氧化铈废料做矿化剂时，能够有效阻止 β-C$_2$S 向 γ-C$_2$S 的晶型转变，实现了镁渣的体积稳定。综合粗镁产量、质量，镁渣的稳定性等逐项指标，当氧化铈废料添加量在原料总质量的 0.7%~1% 来替代萤石做矿化剂时效果最佳。用 CeO$_2$ 回收料替代萤石作为镁冶炼的矿化剂，不仅为镁冶炼清洁生产新技术的工业化生产打下良好的基础，而且实现了稀土废料的再利用，对于节约资源和环境保护将有很好的应用前景。

4.2.6 无氟矿化剂工业化试验

在中试的基础上，选择硼酸（工业级）和氧化铈抛光剂回收物作为替代萤石的无氟矿化剂，在宁夏惠冶镁业公司生产线上进行了工业化试验。工业化试验工艺路线完全按照"皮江法"炼镁工艺路线执行，即白云石煅烧、配料、制粉、制球、计量包装（成品原料）。半成品还原粗镁回收计量、粗镁精炼，镁液浇注成型镁锭，分析化验成分，计量包装。

4.2.6.1 试验配方

本次无氟炼镁工业化试验配方见表 4.9，表中矿化剂加入量为矿化剂占原料总质量的百分比。

表 4.9 无氟炼镁工业化试验配方

试验编号	白云石/kg	硅铁/kg	萤石/kg	矿化剂种类	矿化剂加入量/%
1	100	20.5	0	硼酸	0.8
2	100	20.5	1.2	硼酸	1.8
3	100	20.5	0	CeO$_2$ 废料	0.8
4	100	20.5	1.2	CeO$_2$ 废料	1.8

4.2.6.2 试验过程

配料采用人工计量搅拌配料和原有自动配料系统相结合，球团压制选用惠冶公司镁一分厂炉料一工段压球系统进行加工。还原冶炼在惠冶公司镁一分厂还原工段的生产还原炉中进行。试验过程中的主要工艺指标还原温度、真空、水温，生产周期均按惠冶公司现有正常生产的工艺标准执行。粗镁产量分析，按试验批次单独计量、记录并计算出投入产出率。精镁镁锭质量分析，将产出的粗镁转移到惠冶公司精炼车间单独熔炼，并测定产品的质量组分。还原渣监测分析，试验批次还原渣单独取样，测定渣料中的冷态风化率和各类成分含量。

4.2.6.3 试验结果

试验批次单罐产量和产出率对照正常生产数据基本相同，镁锭产品质量分析，各项指标符合产品质量要求，镁渣形貌基本上全为颗粒状，无粉化。与使用萤石做矿化剂时的渣料相比，大大降低了扬尘污染环境。图 4.31 为工业化试验产生的镁渣，其中图 4.31（a）为硼酸替代萤石的镁渣，图 4.31（b）为 C2 替代萤石的镁渣。

(a)   (b)

图 4.31 工业化试验镁渣形貌
(a) 硼酸为矿化剂；(b) C2 为矿化剂

4.2.6.4 结论

无氟炼镁的工业化试验证明，工业硼酸和 CeO_2 抛光剂回收料作为一种新型无氟矿化剂来替代炼镁中通常使用的萤石，不影响金属镁产品的质量和产率，不需要改变原有生产工艺，不增加生产成本，同时使得渣料的稳定性极大地提高，解决了渣料收集、运输、再利用过程中的粉尘污染问题。更重要的是从源头上减少了氟化物的使用，降低了镁渣对土壤、水、空气的污染的氟化物污染。

4.2.7　无氟改质镁渣在炼钢中的应用

利用改质后的无氟镁渣，部分替代炼钢造渣剂石灰石，可以降低炼钢生产成本，废弃物回收利用，减小金属镁还原渣对环境影响的压力。用无氟镁渣先进行实验室小试，确认对模拟炼钢的成品质量无不良影响后，再在钢厂进行生产性试验。

4.2.7.1　实验室模拟实验

实验室模拟实验在钢铁研究总院进行[20]。改质的新型镁渣，基本不含硫和磷，实验室实验采用了低 S、低 P 铁料，新型改质镁渣，以及宁钢炼钢生产排出的转炉钢渣，镁渣和转炉钢渣按一定比例混合，并与铁粉混合、升温、熔化、保温，模拟转炉炼钢过程，考查含铁料中硫磷含量的变化。实验配方为按 10%的渣量配制铁料和渣料。使用宁钢炼钢生产排出的钢渣，加入一定比例的无氟改质镁渣。在渣料中，镁渣的加入量分别为 5%、10%、15%和 20%，研究镁渣添加量对炼钢的影响。实验过程：选择在 1550℃下保温 40min，实验结束后，将坩埚中的钢水和渣一同倒出，在空气中冷却。然后分析铁料中 C、Si、Mn、P、S 元素的含量。

实验结果表明，随着改质镁渣加入量的增多，钢样中的 S 含量有一个降低的趋势，P 含量仅仅在镁渣含量（质量分数）为 15%、20%时有较小的增加，其余基本和原铁粉中的 P 含量相同，这说明镁渣代替部分钢渣（控制镁渣代替钢渣比例在 20%以内）作为造渣剂对钢水质量，特别是钢水中的 S、P 没有不良影响。镁渣是经过约 1150℃的高温过程，具有较低的熔点，代替一部分造渣剂有利于转炉造渣，加快炼钢造渣剂的熔化速度。由于实验室的条件限制，现场实际生产的效果会比实验室的效果好。

4.2.7.2　工业化试验

在宁夏钢厂现场实际生产条件下做了进一步的生产试验。试验方案：为镁渣单独准备一个料斗，在钢厂加料平台加入第一批造渣剂时，同时加入镁渣。镁渣的加入量分别为 5%、10%、15%和 20%。

第一批次的三炉试验：

（1）按正常炼钢生产加入造渣剂，镁渣按造渣剂量的 10%额外加入，在加入第一批造渣剂时加入镁渣。

（2）炼钢造渣剂减少10%，以10%的镁渣替代造渣剂加入，在加入第一批造渣剂时加入镁渣。

（3）炼钢造渣剂减少20%，以20%的镁渣替代造渣剂加入，在加入第一批造渣剂时加入镁渣。

实验结果表明，在不改变现有工艺条件的情况下，镁渣可部分替代石灰作为炼钢造渣替代剂，替代量达到15%，对成品钢的质量没有影响。第二批次最大替代量达到30%，同样效果。

参 考 文 献

［1］ Kim Y J, Nettleship I, Kriven W M. Phase transformations in dicalcium silicate：II, TEM studies of crystallography, microstructure, and mechanisms ［J］. Journal of the American Ceramic Society 75（9）：2407-2419.

［2］ Akira seki, Yoshio Aso, Makoto Okuba, et al. Development of dusting prevention stabilizer of stainless steel slag ［J］. Kawasaki Steel Giho, 1986, 18（1）：20-24.

［3］ Chan C, Kriven W M, Young J. Physical stabilization of the $\beta \rightarrow \gamma$ transformation in dicalcium silicate ［J］. J Am Ceram Soc, 1992, 75（6）：1621-1627.

［4］ Qixing Yang, et al. Stabilization of EAF slag for use as construction material ［J］. in REWAS 2008：Global Symposium on Recycling, Waste Treatment. Minerals, Metals & Materials Society, 2008. vol：49-54.

［5］ Tossavainen Mia, Engström Fredrik, Yang Qixing, et al. Characteristics of steel slag under different cooling conditions. Waste management ［J］. 2007, 27（10）：1335-1344.

［6］ 江海东，李辽沙，杨国明，等. 风碎钢渣的时效相变及性能研究 ［J］. 硅酸盐通报，2012, 31（01）：171-174, 192.

［7］ 朱光源. 钢渣的膨胀性抑制方法及其路基填料路用性能的研究 ［D］. 南京：南京林业大学，2014.

［8］ 崔自治，倪晓，孟秀莉. 镁渣膨胀性机理试验研究 ［J］. 粉煤灰综合利用，2006（6）：8-11.

［9］ Jürgen G. Properties of iron and steel slags regarding their use. Paper presented at the 6th international conference on molten slags, fluxes and salts, Stockholm City, Stockholm, Sweden-Helsinki, Finland, 2000, 7：12-17.

［10］ 杜春，吴澜尔，韩凤兰，等. 镁冶炼废渣的粉尘污染防治. 中国颗粒学会第八届学术年会暨海峡两岸颗粒技术研讨会，2012, 9月5~8日，杭州.

［11］ Laner Wu, Qixing Yang, Fenglan Han, et al. Dust control of magnesium production by Pidgeon process. Proceding of 7th International Conference on Micromechanics of Granular

Media, Sydney, 2013, 7 (8): 1282-1285.

[12] 冯修吉, 龙世宗. 微量离子对 β-C$_2$S 稳定性的影响及其机理研究 [J]. 硅酸盐学报, 1985 (4): 424-432.

[13] 张文生, 张江涛, 叶家元, 钱觉时, 沈卫国, 汪智勇. 硅酸二钙的结构与活性 [J]. 硅酸盐学报, 2019, 47 (11): 1663-1669.

[14] 黄文, 文寨军, 王敏. 磷硫复合掺杂对硅酸二钙晶型结构的影响 [J]. 硅酸盐通报, 2018, 37 (8): 2502-2505, 2511.

[15] 韩凤兰, 杨奇星, 吴澜尔, 等. 皮江法炼镁镁渣的回收处理 [J]. 无机盐工业, 2013, 45 (7): 52-55.

[16] Han F L, Yang Q X, Wu L E, et al. Treatments of Magnesium Slag to Recycle Waste from Pidgeon Process [J]. Advanced Materials Research, 2011, 418-420: 1657-1667.

[17] S. K. Barua, J. R. Wynnyckyj. Kinetic of the Silicothermic Reduction of Calcined Dolomite in Flowing Hydrogen [J]. Canadian Metallurgical Quarterly, 1981, 20 (3): 295-306.

[18] Feng Gao, et al. Life cycle assessment of primary magnesium production using the Pidgeon process in China [J]. Int J Life Cycle Assess, 2009, 14: 480-489.

[19] Wu L E, Han F L, Hang Q X, et al. Fluoride emissions from Pidgeon process for magnesium production [J]. Proceeding of The 27th International Conference on Solid Waste Technology and Management, 2012, 3 (11): 150-161.

[20] 国家国际科技合作专项 "镁渣综合处理与循环利用技术合作研究" (2010DFB50140). 项目技术报告, 2012.

5 镁渣的资源化利用

<<<<<<<<<<<<<<<<<<<<<<<<<<<<<<<<<<<<<<<<<<<<<<<<<<<<<<<<<<<<<<

本章主要介绍北方民族大学工业固废循环利用团队围绕镁渣的资源化利用开展的研究工作，主要包括利用镁渣制备微晶玻璃、多孔陶瓷、矿渣硫铝酸盐水泥熟料，以及固化/稳定铅锌冶炼污酸渣中重金属、与铜渣协同改质等研究内容。

5.1 镁渣制备微晶玻璃

5.1.1 微晶玻璃制备原理

微晶玻璃是通过加入晶核剂，经过适当热处理在玻璃中形成晶核，再使晶核长大而形成的玻璃与晶体共存的均匀多晶材料。与其他材料相比，微晶玻璃具有热膨胀系数可调（可实现零膨胀系数）、机械强度高、电气绝缘性优良、介电损耗小、耐磨、耐腐蚀、耐高温、化学稳定性好等优点[1]。

用镁渣制备微晶玻璃能够很好地消纳利用镁冶炼产生的大量工业废渣，同时制备出的微晶玻璃具有优良的性能。北方民族大学韩凤兰等人通过烧结法制备微晶玻璃，按照成分设计将镁渣、树脂灰、氧化铝混匀后高温下进行玻璃的熔制，水淬冷却，研磨，在 TG-DSC 谱图上得出热性能曲线后，将研磨后的玻璃粉干压成型，再将样片进行核化（保温 1h），晶化（保温时间分别设为 0.5h、1h、1.5h、2h、2.5h）制备出微晶玻璃[2]。

5.1.2 微晶玻璃国内外发展现状

微晶玻璃最初于 1957 年由感光玻璃发展而来，自从 1965 年英国的Kemantaski 发明了利用高炉渣制备微晶玻璃[3]后，微晶玻璃开始了快速发展，从一开始的单一应用，衍生到建筑和其他领域得到广泛应用[4]，随着技术经济的发展，微晶玻璃成功地实现了商业化。在欧美，岩石微晶玻璃和矿渣微晶玻璃最先作为建筑装饰材料而进行工业化生产。20 世纪 60 年代中期，苏联报道了炉渣微晶玻璃可以作为建材材料而进行实用化生产，20 世纪 70 年代初，捷克斯洛伐克利用熔融铸造玄武岩制成了耐磨地板材料。同期，美国也兴起了生产建筑用岩石微晶玻璃装饰板[5,6]。在西方国家，出现了用锂系微晶玻璃材料制造光纤接头，它与传统使用氧化锆相比热膨胀系数和硬度与石英玻璃光纤更为匹配，更易于高精度加工，环境稳定性优良。

在亚洲地区，日本最早开发并应用建筑用微晶玻璃，其主要采用熔融烧结法进行建筑用微晶玻璃人造大理石的生产；韩国也有生产高档微晶玻璃装饰板。在我国，微晶玻璃得到了较好的发展，因其具有良好的抗腐蚀性，耐磨，绝缘且比重轻，能够和金属进行无缝焊接等优点在建筑材料领域和机械工程领域得以应用。我国通过烧结成型研出的钢渣基微晶玻璃，具有致密，表面光滑，气孔率低等特点，具有很好的市场价值。矿渣微晶玻璃不仅能够"吃废渣"，而且具备性能优良、制备技术简单以及能工业化生产的优势，一直受到各国材料科技工作者的关注；而利用矿渣制备微晶玻璃的工艺在近几年作为矿渣合理的回收利用手段开始引起越来越多的关注[6-10]。

5.1.3　镁渣微晶玻璃制备工艺

微晶玻璃的制备工艺一般有熔融法、烧结法和溶胶—凝胶法[12,13]，制备方法以前两者为主。

5.1.3.1　熔融法

熔融法是最早被提出用于制备微晶玻璃的方法，主要工艺流程为先将晶核剂和其他原料进行混合并研磨均匀后，在 1300~1600℃ 的高温环境下进行微晶玻璃的熔制，等到微晶玻璃完全熔融并均化成型后，进行退火，然后在一定的热处理工艺制度下进行核化和晶化，从而制得均匀致密的微晶玻璃样品。

5.1.3.2　烧结法

烧结法首先是由 H·宣博恩在 1960 年左右提出的一种微晶玻璃的生产方法，并于 1970 年左右在日本成功施行了工业化生产，其工艺流程为先进行配合料的制备，再进行玻璃的熔融、水淬成粒、粒料分级、成型、烧结、冷加工、检验，并得到制品。

烧结法比起熔融法来说，克服了前者熔融和成型不可分，高温难以控制成型和必须要加入晶核剂等缺点，使得微晶玻璃能够具有更好的可塑性，更适合在高温下成型，便于工业化生产，同时经过水淬的微晶玻璃具有更好的整体晶化现象[15-18]。

5.1.4　镁渣制备微晶玻璃实验

本实验主要利用镁渣、树脂灰和氧化铝，通过烧结法制备微晶玻璃。实验原料为宁夏惠冶镁业集团有限公司的镁渣，宁夏某铸造厂的树脂灰粉末以及天津市光复精细化工研究所的 Al_2O_3 粉末，原料成分见表5.1。根据原料成分选择实验的微晶玻璃体系为 CMAS（$CaO\text{-}MgO\text{-}Al_2O_3\text{-}SiO_2$）体系，镁渣、树脂灰和氧化铝的含量（质量分数）分别为48.78%，48.78%和2.44%[2]。

表 5.1   主要原料成分

原料	原料成分（质量分数）/%					
	SiO_2	CaO	MgO	Al^{3+}	F^-	Mn^{2+}
镁渣	28.56	50.65	3.84	0.73	7.74	2.44
树脂灰	90.18	1.56	0.01	3.69	0.01	0.01

按比例称量原料倒入研钵中，手动研磨20min左右，制备成混合料。将配好的混合料装入悬挂于垂直管式炉中部的刚玉坩埚，以8℃/min的升温速率升到800℃，在800℃下保温2min，再以5℃/min的升温速率升温到1385℃，然后保温90min。

保温结束时，将刚玉坩埚连同玻璃液下落于位于垂直管式炉下方的水槽中进行水淬，让高温的玻璃液瞬间冷却，冷却后将玻璃样品连同刚玉坩埚一同置于100℃的干燥箱中恒温干燥20min，然后将制得的玻璃从刚玉坩埚中取出，在震动磨中进行30s的研磨使之研磨成为37μm左右的玻璃粉末。

将所得的玻璃粉末进行 TG-DSC 分析，以确定进一步的烧结工艺。将粉末用干压机5t压力，保压40s压制成直径为25mm的圆片，再置于垂直管式炉中进行烧结处理。室温下以10℃/min的升温速率升至500℃，保温5min后，再以5℃/min的升温速率升温到845℃；保温60min，再以3℃/min速率升温至1021℃；保温150min，保温结束后自然冷却，得到镁渣微晶玻璃样品。

5.1.5 镁渣微晶玻璃性能形貌物相

如上所述玻璃粉末的 TG-DSC 图谱如图5.1所示，检测仪器为德国耐驰 STA449 热分析仪。微晶玻璃在核化时需要吸收比较大的能量，因此根据吸热最大峰值对应的温度775℃，确定其为微晶玻璃的核化温度。微晶玻璃在晶化时内部状态趋于稳定，放出其内部的能量形成晶体，因此在晶化状态时能量最低，可以看出 DSC 谱图上的波谷温度对应为1021℃，确定其为晶化温度。

体积密度 $\rho(g/cm^3)$ 按下式计算：

$$\rho = \frac{m_0 w}{m_1 - m_2} \tag{5.1}$$

式中　　m_0——干燥试样在空气中的质量，g；

　　　　m_1——水饱和试样在空气中的质量，g；

　　　　m_2——水饱和试样在水中的质量，g；

　　　　w——室温下蒸馏水的密度，g/cm³。

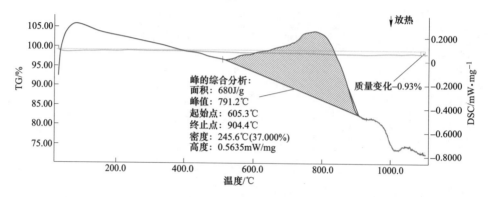

图 5.1　玻璃粉末样品的 TG-DSC 图谱

吸水率 $W_a(\%)$ 按下式计算：

$$W_a = \frac{m_1 - m_0}{m_0} \times 100\% \tag{5.2}$$

微晶玻璃样品体积密度随保温时间的变化如图 5.2 所示。从图 5.2 可以看出，随着保温时间的增加，体积密度逐渐增加。0.5~1h 区间，试样体积密度增大幅度较小；1~2h 区间，试样体积密度快速增加，直到保温时间为 2h 时达到最大值 2.77g/cm³，保温时间为 2.5h 时试样体积密度反而有所下降。

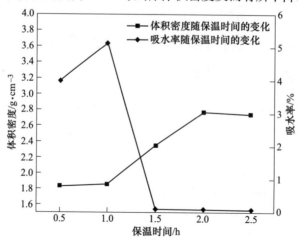

图 5.2　样品体积密度、吸水率与保温时间的关系

样品吸水率从 0.5~1.5h 是先升高后降低的，在 1.5h 后降低速率变缓，几乎接近平行于 X 轴。这表明了 1.5h 以后随着保温时间的延长，微晶玻璃样品内部变得更为致密，吸水率非常小，吸水率在保温 1h 时最高，达到 5.13%，在保温时间为 2.5h 的样品吸水率为最低，只有 0.07%。

用德国蔡司 EVO-18 型扫描电镜对保温时间为 1h、1.5h、2h、2.5h 的试样进行扫描，观察其显微结构，不同晶化保温时间的微晶玻璃 SEM 照片如图 5.3 所示。

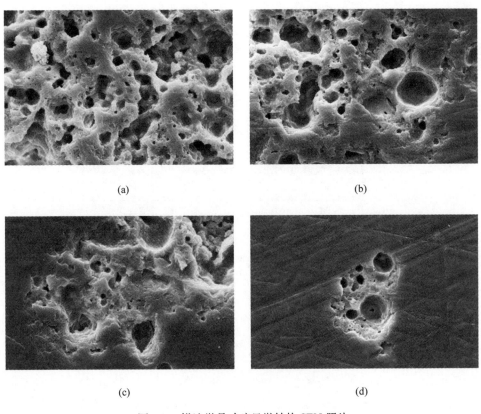

(a)   (b)

(c)   (d)

图 5.3　镁渣微晶玻璃显微结构 SEM 照片
(a) 1h；(b) 1.5h；(c) 2h；(d) 2.5h

从图 5.3 可以很清晰地观察到，随着晶化保温时间的延长，镁渣微晶玻璃变得越来越致密，气孔率降低，可以看出延长晶化保温时间能够提高微晶玻璃的致密度。

从图 5.4 微晶玻璃 XRD 图谱中可以看出，镁渣微晶玻璃的主要晶相为透辉石 $[CaMg(SiO_3)_2]$，并含有少量的斜顶火石（$MgSiO_3$）晶相。

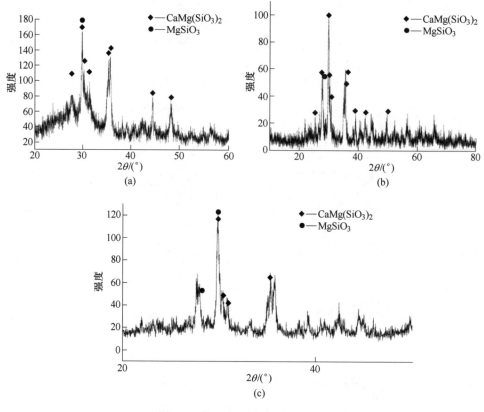

图 5.4 镁渣微晶玻璃 XRD 图谱

(a) 0.5h; (b) 1.5h; (c) 2.5h

5.2 镁渣制备多孔陶瓷

多孔陶瓷是一种经高温烧成、在成形与烧结过程中于材料体内形成大量彼此相通或闭合气孔的新型陶瓷材料。由于多孔陶瓷材料具有气孔率高、透气阻力小、化学性质稳定、再生性能好以及耐高温、高压、耐化学腐蚀、绿色环保等优点，近年来得到了迅速的发展，已被广泛应用于过滤、净化分离、催化剂载体、吸声、减振、保温材料、生物材料、传感器材料以及航空航天材料等领域[19-21]。

5.2.1 多孔陶瓷特点

多孔陶瓷包括以下特点：

（1）气孔率高。多孔陶瓷的重要特征是具有大量均匀、孔径可控的气孔。气孔有开口气孔和闭口气孔之分,开口气孔具有过滤、吸收、吸附、消除回声等作用,而闭口气孔则有利于阻隔热量、声音以及液体与固体微粒传递。

(2)强度高。多孔陶瓷材料一般由金属氧化物、二氧化硅、碳化硅等经过高温煅烧而成,这些材料本身具有较高的强度,煅烧过程中,原料颗粒边界部分发生融化而黏结,形成了具有较高强度的陶瓷。

(3)物理和化学性质稳定。多孔陶瓷材料具备陶瓷材料的优点,耐酸、碱腐蚀,可承受高温、高压,自身洁净状态好,不会造成二次污染,是一种绿色环保的功能材料。

(4)过滤精度高,再生性能好。用作过滤材料的多孔陶瓷材料具有较窄的孔径分布范围、较高的气孔率和比表面积。被过滤物与陶瓷材料充分接触,其中的悬浮物、胶体物及微生物等污染物质被阻截在过滤介质表面或内部,过滤效果良好。多孔陶瓷过滤材料经过一段时间的使用后,用气体或者液体进行反冲洗,即可恢复原有的过滤能力。

5.2.2 镁渣多孔陶瓷的制备

5.2.2.1 原材料选择

商业化产品多孔陶瓷多以 Al_2O_3、SiC、莫来石等为主要原料,这些材料价格相对较高且制备工艺复杂,限制了多孔陶瓷的推广和应用[20,21]。镁渣、粉煤灰、电石渣的主要成分为 SiO_2、CaO 和 Al_2O_3 等,与市售多孔陶瓷具有相似的成分,由此镁渣等固废完全可以作为制备多孔陶瓷的原料[22-24]。镁渣的主要化学成分为 CaO、SiO_2、Al_2O_3,粉煤灰主要化学成分是 CaO、SiO_2、Al_2O_3、MgO 等,是燃煤电厂排出的主要固体废物,也是我国当前排量较大的工业废渣之一。电石渣是电石制备乙炔后得到的以 CaO、$Ca(OH)_2$ 为主要成分的固体废渣,也含有 SiO_2、Al_2O_3 及少量的 $CaCO_3$、Fe_2O_3、MgO、碳渣等成分。海万秀等[25]以镁渣、粉煤灰、电石渣三种工业固废为原料,按照一定配比压制烧结,得到含硅酸盐相的多孔陶瓷。

5.2.2.2 镁渣多孔陶瓷制备工艺

实验所用工业固废镁渣来自宁夏银川惠冶镁业有限公司,粉煤灰来自宁夏神华甲醇厂,电石渣来自宁夏大地化工有限公司。镁渣、粉煤灰、电石渣的化学组分见表5.2。

表 5.2　多孔陶瓷原料组分

固废名称	化学成分（质量分数）/%						
	CaO	SiO$_2$	MgO	Fe$_2$O$_3$	Al$_2$O$_3$	C	Ca(OH)$_2$
镁渣	45~50	28~30	10~12	6~8	3~5	—	—
粉煤灰	5~7	40~45	5~6	8~10	20~24	8~10	—
电石渣	—	6~8	—	6~8	10~12	—	75~80

　　选择不同的原料配比，称量原料，放入震荡球磨机中研磨混合，混合时间为 60s。单向加压干压成型——成型压力为 63.7~95.9MPa，保压时间为 50~60s。采用常压烧结——烧结温度为 1150℃，升温速率为 10℃/min，保温时间为 4h。烧结完成后随炉冷却至室温，取出样品，测定样品的理化性能。

5.2.2.3　镁渣多孔陶瓷性能

　　实验结果证明，烧结温度 1150℃，保温时间为 4h，镁渣、粉煤灰、电石渣配比为 70:25:1 时，所制备的多孔陶瓷具有最大抗压强度（98MPa）；镁渣、粉煤灰、电石渣配比为 12:3:5 时，多孔陶瓷具有最大气孔率（57%）；镁渣、粉煤灰、电石渣配比为 12:6:2 时，多孔陶瓷骨架完整，微孔分布均匀；添加电石渣和碳粉为造孔剂能够匀化气孔分布，细化孔径，提高多孔陶瓷的气孔率和气体过滤性能；同等含量时，碳粉具有较好的造孔效果；多孔陶瓷的烧失率、吸水率和气孔率最高分别达到 30%，38% 和 53%，体积密度最小达到 1.4g/cm^3。多孔陶瓷的主要物相以 CaO 和 SiO$_2$ 高温反应的产物偏硅酸钙和硅酸二钙或硅酸钙镁为主，另含有少量铝硅酸盐和铁酸盐。

　　镁渣多孔陶瓷典型显微结构如图 5.5 所示。照片中样品原料配比镁渣：粉煤

图 5.5　镁渣多孔陶瓷断面显微结构

灰：电石渣为 80：5：15。样品的烧失率为 10.33%，气孔率为 38.86%，吸水率为 21.52%，体积密度为 1.78g/cm³，抗压强度为 30.10MPa。

5.3 镁渣制备复合矿渣硫铝酸盐水泥熟料

镁渣属于介稳的高温型结构，结构中存在活性的阳离子，具有很高的水化活性，肖力光等[26]用镁渣、矿渣和水泥熟料混掺配制了镁渣胶凝材料，探讨了镁渣掺量、水泥熟料掺量、粉磨工艺、辅助激发剂复掺对镁渣胶凝材料强度（抗压和抗折强度）的影响，并对镁渣胶凝材料的水化产物等进行分析。韩凤兰等[27]利用镁渣制备胶凝材料，根据镁渣具有水化活性，水化后可以生成硅酸钙胶凝，以及镁渣吸湿性强，对水泥砂浆的耐久性和强度有贡献等特点，向水泥熟料中添加不同含量的磨细的镁渣，对其用水量、凝结时间、抗折强度、抗压强度及安定性进行研究后，得出在不影响水泥指标前提下，掺加镁渣（质量分数）15%～20%是可行的结论。

硫铝酸盐水泥具有低温烧成、低排放、高早强、抗渗、抗冻、耐腐蚀等特性，是目前最活跃的研究热点之一。普通硫铝酸盐水泥主要是以石灰石、矾土、石膏为原料。近年来，为了提高工业固体废弃物的资源化利用率，人们在以粉煤灰、煤矸石、磷石膏等工业固体废弃物为原料制备贝利特硫铝酸盐水泥方面也取得了不少研究成果[28-31]。赵世珍、韩凤兰等[32]利用电解锰渣和镁渣混合烧制硫铝酸盐水泥熟料，开展了实验研究，下面展开详细介绍。

5.3.1 复合矿渣硫铝酸盐水泥生料准备

电解锰渣来源于宁夏天元锰业有限公司，镁渣来源于宁夏惠冶镁业集团有限公司。$CaSO_4 \cdot 2H_2O$ 来自天津市科密欧化学试剂有限公司，Fe_2O_3、SiO_2、Al_2O_3、CaO 均为分析纯。如图 5.6 所示，电解锰渣中的物相［见图 5.6(a)］主要为 $CaSO_4 \cdot 2H_2O$ 及 SiO_2。镁渣的物相［见图 5.6(b)］主要为 C_2S、$MgO \cdot Fe_2O_3$、$CaO \cdot MgO \cdot SiO_2$，其中 C_2S 占主要部分。二水石膏和 C_2S 是硫铝酸盐水泥主要的物质组成，二水石膏灼烧后分解生成 SO_3，有利于硫铝酸钙的生成，C_2S 能够提高硫铝酸盐水泥的后期强度。

硫铝酸盐水泥熟料的矿物组成由无水硫铝酸钙（$C_4A_3\check{S}$）、硅酸二钙（C_2S）和铁铝酸钙（C_4AF）组成（其中字母表示为 C-CaO、A-Al_2O_3、$\check{S}$-SO_3、S-SiO_2、F-Fe_2O_3）。根据硫铝酸盐水泥的矿物组成以及工艺控制条件，设定实验样品组分设计见表 5.3。烧结温度分别为 1200℃、1230℃、1260℃、1300℃，保温 30min。为使水泥熟料在马弗炉中烧结完全，重复烧结两次。

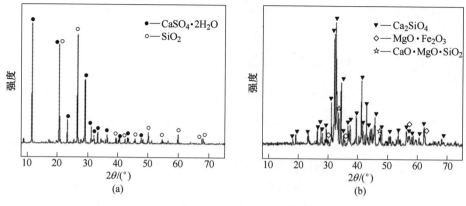

图 5.6　锰电解渣和镁渣的 XRD 图谱

（a）锰渣物相；（b）镁渣物相

表 5.3　复合矿渣硫铝酸盐水泥熟料样品组分设计

碱度 C_m	硫铝比 P	硅铝比 N	β-C_2S	$C_4A_3\check{S}$	C_4AF
1	4.23	1.85	40%	50%	10%

5.3.2　水泥熟料物相

用 X 射线衍射分析烧制出的硫铝酸盐水泥熟料物相组成，图 5.7 是不同温度下烧结的硫铝酸盐水泥熟料样品物相图谱。生料在 1200℃、1230℃、1260℃ 温度下烧结出的熟料样品主要矿物相为 C_2S、$C_4A_3\check{S}$，基本没有其他的杂相，从这三个图谱可以看出 1260℃ 烧结时的 C_2S 和 $C_4A_3\check{S}$ 的衍射峰的峰强远大于 1200℃ 和 1230℃ 烧结时的衍射峰强度。而 1300℃ 烧结时，水泥熟料样品中出现没有水化活性的无价值组分 C_2AS，而且其衍射峰的强度远远高于有用的 C_2S、$C_4A_3\check{S}$ 等组分的强度。从图中基本没有发现 C_4AF，是因为锰渣和镁渣中的铁相在水泥熟料的煅烧过程中相当于固体溶液（熔点低），部分固溶体进入 $C_4A_3\check{S}$，导致形成 C_4AF 的铁减少，形成 C_4AF 的部分中间产物与硬石膏反应形成 $C_4A_3\check{S}$，导致熟料中 $C_4A_3\check{S}$ 的含量上升，C_4AF 矿物的含量降低[33,34]。因此，综合分析可以判定 1260℃ 为最佳的烧结温度。传统水泥波特兰水泥熟料烧结温度需要 1450℃，本实验的烧结温度与其相比有很大程度的降低，其原因是 Fe 的氧化物作为固溶体能够大大降低生料的烧结温度，因此渣料中含有少量的铁相降低了水泥生料的煅烧温度。所以，锰渣、镁渣制备硫铝酸盐水泥熟料时，即能够降低能耗，又能够使加热过程易于操控，降低烧结成本。

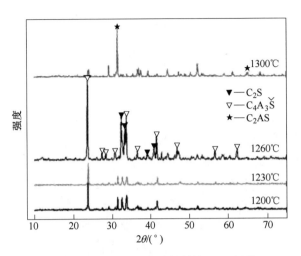

图 5.7 不同温度下烧结熟料的 XRD 图谱

5.3.3 实验结果

采用瑞典 Retrac HB 公司制造的 TAM Air 型八通道等温微量量热仪测定制备的水泥熟料添加不同石膏时的水化放热和水化放热量，确定最佳石膏用量并分析不同时间对水化性能的影响。按照 GB/T 17671—1990 标准对制备的硫铝酸盐水泥熟料进行抗压、抗折性能检测。参考水泥砂浆抗渗性测试规范测试材料的抗渗性。参考《固体废物浸出毒性浸出方法硫酸硝酸法》（HJ/T 299—2007）中的毒性浸出方法，以硫酸硝酸为浸出剂，对原料及渣料制备的不同的试样进行毒性浸出的测定，将浸出液中重金属离子浓度与《污水综合排放标准》（GB 8978—1996）比较。

实验结果证明：

（1）生料中电解锰渣和镁渣的掺量可分别达到 21%，最佳的生料烧结温度为 1260℃，保温时间为 30min。此时烧结出的试样的矿物相主要为 C_2S、$C_4A_3\check{S}$。

（2）在制备出的水泥熟料中添加一定量的石膏，当添加量为 15% 时，放出的水化总热最多，力学性能最好，28d 的抗折强度为 5.1MPa，抗压强度为 31.2MPa。抗渗等级达到 P6，烧制熟料和水化产物将工业固废中的重金属有效固化稳定，不易被浸出。

结论：利用电解锰渣、镁渣能够烧制出合格的早强、快硬型硫铝酸盐水泥熟料，相比于市场现有的硅酸盐和硫铝酸盐水泥熟料，不仅具有性能上的优势，而且还具有成本低，变废为宝，污染低等特点。

5.4　镁渣固化/稳定工业固废中重金属

5.4.1　铅锌冶炼废渣中重金属的固化与稳定

固化是指在有毒有害废弃物中加入合适的添加剂，将有毒有害物质稳定地固定于废弃物中，减少有毒有害成分的浸出或释放，从而消除废弃物对周围生态系统的污染与破坏。稳定化是指通过一定的物理化学等方法阻止废弃物中有毒有害物质的自由运动，将有毒有害污染物进行分解、沉淀、中和或转变为低迁移、低溶解、低毒甚至无毒的处理过程，减少有毒有害物质对环境的污染。由于用来处理有毒有害固体废弃物的材料大多兼有稳定化和固化的双重作用，所以通常将无害化、减量化处理废弃物过程称为稳定化/固化技术（有时简称固化）[35]。目前固化/稳定化技术被广泛地应用于污染场地及固体废弃物处理中，与化学处理或生物修复等其他技术相比，固化/稳定化技术有着施工方便、成本低等优点[36]。用于固化/稳定化技术的固化剂包括水泥、矿渣、粉煤灰、生石灰、药剂、有机聚合物、地质聚合物、改性黏土和某些废料[37]。地质聚合物由无机的硅氧四面体与铝氧四面体聚合而成，利用地质聚合物固化废弃物，工艺简单且稳定性高。

陈玉洁、韩凤兰等采用镁渣和粉煤灰基地质聚合物固化/稳定铅锌冶炼污酸渣，进行了大量实验研究[11,36,39]。

铅锌冶炼是我国有色金属冶炼的重要代表。我国铅锌行业大宗工业固体废弃物主要来源于冶金炉渣和酸性水处理渣（污酸渣），年产生的工业废渣估计超过600万吨，废渣堆放，渣中的重金属发生迁移导致周围水体严重污染。当前我国重金属污染日趋严重，已成为严重损害群众健康的突出环境问题[38]。用镁渣和粉煤灰基地质聚合物固化/稳定污酸渣中的重金属，避免废渣中的重金属污染物再次进入环境造成二次污染，实现以废治废、高效利用和节约资源的目的。

5.4.2　污酸渣中重金属 Pb 和 Cd 的形态分析

用 BCR 三步提取法对污酸渣样品做浸提实验，得知污酸渣中 Pb 的形态分布为可氧化态>可还原态>残渣态>酸可提取态，其中可氧化态含量占 Pb 总量的69.02%；污酸渣中 Cd 的形态分布为酸可提取态>可氧化态>可还原态>残渣态，其中酸可提取态含量占 Cd 总量的 80.89%。掺杂镁渣后促使渣料中重金属 Pb、Cd、Cu 和 Zn 由非稳定态转化为稳定态，实现固化/稳定重金属 Pb、Cd、Cu 和 Zn 的目的[11]。

5.4.3　研究内容及方法

主要研究方法包括：

（1）采用化学分析方法和 X 射线荧光光谱仪（XRF）测定镁渣、粉煤灰、污酸渣等工业固体废弃物的主要化学组成，确定各物质的百分含量；利用 X 射线衍射仪（XRD），确定固体废弃物的主要矿物组成。

（2）利用 BCR 长程序提取法分析污酸渣中 Pb、Cu 和 Cd 的形态分布，利用镁渣固化/稳定污酸渣中的重金属，分析固化/稳定化处理后的废渣中重金属的形态分布，并对其做毒性浸出实验，用电感耦合等离子体发射光谱仪（ICP-7000）测定浸出液中重金属含量；通过 XRD、扫描电子显微镜（SEM/EDX）及傅里叶转换红外线光谱（FTIR）研究毒性浸出实验前后废渣的物相组成及微观结构。

（3）利用粉煤灰和碱激发剂制备粉煤灰基地质聚合物，利用制备出的力学性能好的地质聚合物，固化/稳定重金属 Pb 和 Cd，测定粉煤灰基地质聚合物的力学性能，并对其做毒性浸出实验。

测定浸出液中 Pb 和 Cd 的含量的实验研究分为以下四个部分：

（1）镁渣与污酸渣高温固化/稳定重金属的实验；

（2）镁渣与污酸渣常温固化/稳定重金属的实验；

（3）粉煤灰基地质聚合物的制备；

（4）粉煤灰基地质聚合物固化/稳定重金属。

其工艺路线如图 5.8~图 5.11 所示。

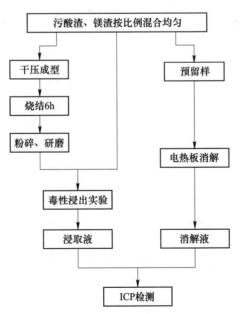

图 5.8　高温固化/稳定重金属的工艺流程

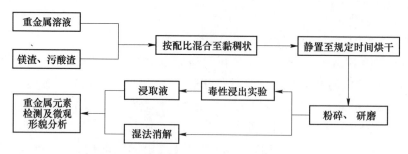

图 5.9　常温固化/稳定重金属的工艺流程

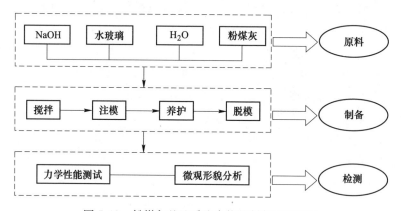

图 5.10　粉煤灰基地质聚合物的制备工艺流程

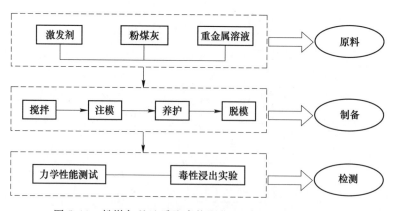

图 5.11　粉煤灰基地质聚合物固化/稳定重金属工艺流程

　　镁渣和污酸渣中的重金属元素含量见表 5.4。由表 5.4 可知镁渣中的有害重金属元素含量都比较低，可以忽略镁渣中重金属对环境的危害。污酸渣中重金属 Pb、Zn 和 Cd 含量较高。

表 5.4 镁渣和污酸渣中重金属含量

元素	含量（质量分数）/%							
	Pb	As	Cd	Cr	Cu	Zn	Co	Ni
镁渣	0.002	ND	ND	0.010	0.002	ND	0.0004	0.010
污酸渣	0.995	0.17	0.315	0.006	0.023	1.380	ND	0.0006

注：ND 表示未检出。

将 $Pb(NO_3)_2$ 与 $Cd(NO_3)_2 \cdot 4H_2O$ 溶解于蒸馏水中制备不同浓度 Pb 和 Cd 的溶液，将其加到原始污酸渣中，经搅拌、烘干、研磨后得到含不同浓度 Pb 和 Cd 的污酸渣样品。采用 HJ/T 299—2007 硫酸硝酸法对其做毒性浸出实验。经毒性浸出实验得到的浸取液中，所有样品，包括未添加 Pb 的原始污酸渣中 Pb 的浓度均超过 GB 5085.3—2007 中 Pb≤5mg/L 浓度限值。添加 Cd 的所有样品中 Cd 的浓度均超过 GB 5085.3—2007 中 Cd≤1mg/L 浓度限值的标准。由此可见，铅锌厂排出的废渣中重金属 Pb 和 Cd 含量较高，虽然富集量没有经济回收利用价值，但浸出毒性远远超过国家标准，需先对其进行固化/稳定化的处理后方可排放。

5.4.4 镁渣与污酸渣高温固化/稳定重金属

为了稳定污酸渣中的重金属，降低其对环境的污染，在污酸渣中掺入镁渣，利用镁渣自身的特性，实现镁渣与污酸渣固化/稳定重金属的目的。配制一定量重金属含量超标的污酸渣（污+重金属）样品，污酸渣与镁渣按照 40%:60% 的比例混合均匀，用液压机压制成块，在箱式电阻炉中进行烧结，烧结温度为 1200℃，保温 6h，样品随炉冷却后取出，做毒性浸出实验。实验结果说明，当渣料中 Cd 含量（质量分数）达到 1.070%，Cu 含量（质量分数）达到 2.471%，Pb 含量（质量分数）达到 0.38% 时，浸取液中 Cd、Cu 和 Pb 的浓度均符合 GB 5085.3—2007 标准。这说明掺杂 60% 镁渣，经过 1200℃，保温 6h，渣料中的 Cd、Cu 和 Pb 元素可以稳定存在而不易被浸出。

XRD 物相分析说明，烧结后样品中部分 γ-C_2S 转化为 β-C_2S，使得 β-C_2S 增多而 γ-C_2S 减少。这是因为 γ-C_2S 为 Ca_2SiO_4 的常温稳定相，β-C_2S 为 Ca_2SiO_4 的高温稳定相，经过高温处理后使样品中的 γ-C_2S 转化为 β-C_2S。β-C_2S 结晶相增多有利于实现重金属的固化/稳定化，从而使重金属稳定存在于渣料中而不易被浸出。与同组分未经烧结样品相比较，经过烧结高温处理的样品，其浸出液中重金属的监测浓度大大下降。

5.4.5　镁渣与污酸渣常温固化/稳定重金属

将一定质量的含 Pb、Cu 和 Cd 的重金属盐溶解于蒸馏水中得到不同浓度的重金属溶液，分别将其倒入镁渣与污酸渣的混合渣中，以确保重金属以自由离子状态存在于渣料中。静置至 5min 后进行烘干、粉碎、研磨处理，将处理后样品用 HJ/T 299—2007 硫酸硝酸法做毒性浸出实验。

镁渣本身具有很高的水化活性，水化后生成水化硅酸钙凝胶（C-S-H 凝胶），所以当污酸渣中掺杂镁渣后，渣料中的重金属可以被有效的固化/稳定在渣料中而不易被浸出。

污酸渣原渣中 Pb 不稳定容易被浸出，当污酸渣原渣中的 Pb 的含量（质量分数）达到 1.81% 时，浸取液超过 GB 5085.3—2007 标准限定；掺杂 80% 镁渣后当 Pb 含量（质量分数）达到 2.65% 时，浸取液中 Pb 浓度仍符合 GB 5085.3—2007 标准，说明掺杂 80% 镁渣后，渣料中的 Pb 可以稳定存在而不易被浸出。

当污酸渣中掺杂 10% 与 20% 的镁渣（质量分数）时，Cd 和 Cu 皆可稳定存在于渣料中不宜被浸出；通过浸出率（浸取液中重金属含量与原渣中重金属含量之比）越小，固化/稳定化效果越好。实验证明掺杂 10% 与 20% 的镁渣时，污酸渣浸取液中 Pb、Cu 和 Cd 元素的浓度均符合 GB 5085.3—2007 标准。

参 考 文 献

[1] 刘洋. 高炉渣微晶玻璃的制备及研究 [D]. 长沙：湖南大学，2006.

[2] 苏立晴. 镁还原渣制备微晶玻璃性能研究 [D]. 银川：北方民族大学，2018.

[3] 南雪丽. 微晶玻璃的研制 [D]. 兰州：兰州理工大学，2006.

[4] Yoon S, Lee J, Yun Y, et al. Characterization of wollastonite glass-ceramics made from waste glass and coal fly ash [J]. J Mater Sci Technol, 2013, 29 (2)：149-153.

[5] 陈福，赵恩录，张文玲. 装饰用 $CaO-Al_2O_3-SiO_2$ 微晶玻璃板材的研究进展及应用 [J]. 2007, 2 (20)：3-4.

[6] 游兴海. 粉煤灰制备微晶玻璃研究进展 [J]. 硅酸盐通报，2014, 33 (11)：2902-2907.

[7] 陈国华，刘心雨. 矿渣微晶玻璃的制备及展望 [J]. 陶瓷，2002, 4 (16)：2-3.

[8] 陈惠君. 废渣微晶玻璃的研究 [J]. 玻璃与搪瓷，1988, 16 (2)：1-7.

[9] 李金平，钱伟君，李香庭. 用工业废渣为原料制备可切削微晶玻璃 [J]. 无机材料，1992, 7 (2)：3-4.

[10] 陈国华. $CaO-Al_2O_3-SiO_2$ 系玻璃的微晶化 [J]. 玻璃，1993 (6)：1-6.

[11] 陈玉洁. 利用镁渣及粉煤灰基地质聚合物固化/稳定重金属实验研究 [D]. 银川：北方民族大学，2016.

[12] 赵博研. 微波法熔融制备污泥灰微晶玻璃的实验研究 [D]. 哈尔滨：哈尔滨工业大学，2010.

[13] 马晓. 偏振玻璃的制备及其应用 [J]. 建材世界，2011，32 (3)：12-15.

[14] 徐祥斌，罗序燕，李长勇. 镁还原渣的应用现状 [J]. 轻金属，2009，7 (1)：2-3.

[15] 姚强. 钢渣微晶玻璃的制备与性能研究 [D]. 南京：南京工业大学，2005.

[16] Xiao H N, Deng C M, Peng W Q. Effect of processing conditions on the microstructure of glass-ceramics prepared from iron and steel slag [J]. Journal of Human University Natural Sciences, 2001, 28 (1): 32-35.

[17] E M Rabinovich. Preparation of glass by sintering [J]. Journal of Materials Science, 1985, 20 (12): 42-59.

[18] 肖子凡. 低成本 CAS 系统微晶玻璃结构与性能的研究 [D]. 武汉：武汉理工大学，2010.

[19] 曾令可，胡动力，税安泽，等. 多孔陶瓷制备新工艺及其进展 [J]. 中国陶瓷，2008，44 (7)：7-11.

[20] 黄新友，马旭，王选，等. 多孔陶瓷的制备工艺及应用的现状 [J]. 中国陶瓷，2015 (9)：5-8.

[21] 鞠银燕，宋士华，陈晓峰. 多孔陶瓷的制备、应用及其研究进展 [J]. 硅酸盐通报，2007，26 (5)：969-976.

[22] 李宪军，张树元，王芳芳. 镁渣废弃物再利用的研究综述 [J]. 混凝土，2011 (8)：97-101.

[23] 雷瑞，付东升，李国法，等. 粉煤灰综合利用研究进展 [J]. 洁净煤技术，2013 (3)：106-109.

[24] 王慧青，童继红，沈立平. 电石渣的资源化利用途径 [J]. 化工生产与技术，2007 (1)：47-53.

[25] 海万秀，韩凤兰，罗钊，等. 原料配比对工业固废多孔陶瓷性能和形貌的影响 [J]. 硅酸盐通报，2018，37 (12)：3776-3780.

[26] 肖力光，雒锋，黄秀霞. 利用镁渣配制胶凝材料的机理分析 [J]. 吉林建筑工程学院学报，2009，26 (5)：1-5.

[27] 韩凤兰，周少剑，毛尊义，等. 利用镁渣制备胶凝材料 [C]. 中国环境科学学会学术年会论文集 (2013)：5554-5557.

[28] 张浩，李辉. 用磷石膏制备贝利特-硫铝酸盐水泥 [J]. 硅酸盐通报，2014，33 (6)：1567-1571.

[29] Arjunan P, Michael R S, Della M R. Sulfoalu minate-belite cement from low-calcium fly ash and sulfur-rich and other industrial by-products [J]. Cement and Concrete Research, 1999, 29: 1305-1311.

[30] 万新，张明远，周书才，等．硫铝酸盐水泥处理冶金固体废弃物的研究 [J]．环境工程，2010（1）：73-76.

[31] 徐冠立．利用宁夏石嘴山煤矸石制备系列硫铝酸盐水泥研究 [D]．成都：成都理工大学，2009.

[32] 赵世珍，韩凤兰，王亚光．电解锰渣、镁渣制备复合矿渣硫铝酸盐水泥熟料的研究 [J]．硅酸盐通报，2017，36（5）：1766-1772，1776.

[33] 袁言臣，叶正茂，常钧．铁相组分对硫铝酸钡钙水泥的影响 [J]．济南大学学报（自然科学版），2012，26（2）：128-131.

[34] 冯修吉，朱玉锋．发挥 C-4AF 的强度及其新型早强高铁水泥的研究 [J]．硅酸盐学报，1984，12（1）：32-47.

[35] 周书利．含重金属工业固废的稳定化/固化试验研究 [D]．常州：江苏理工学院，2015.

[36] 陈玉洁，韩凤兰，罗钊．镁渣固化/稳定污酸渣中重金属 Cu 和 Cd [J]．无机盐工业，2015，47（7）：48-51.

[37] 杜延军，金飞，刘松玉，等．重金属工业污染场地固化/稳定处理研究进展 [J]．岩土力学，2011，32（1）：116-124.

[38] 张建伟，魏金春．重金属污染防治立法论纲 [J]．环境与可持续发展，2014（1）：60-62.

[39] 陈玉洁，韩凤兰，罗钊．镁渣固化/稳定污酸渣中重金属 Pb [J]．环境工程学报，2016，10（6）：3229-3234.

[40] 蒋亮，叶雨欣，李鹏翔，等．铜渣与镁渣复合改质后磁选提铁的工艺研究 [J]．有色金属（冶炼部分），2019（11）：12-17.